글 린다 베르톨라 · 그림 아그네세 바루치

놀면서 즐겁게 배우는 수학?
할 수 있습니다. 반드시 해야 합니다!

아이들이 수학을 꾸준히 공부하려면, 어릴 때부터 즐겁게, 그리고 쉽게 배워야 합니다. 즐거움은 학습의 강력한 동기가 되며, 높은 성취감을 심어 주기 때문입니다. 하지만 막상 수학을 어떻게 재미있게 가르쳐야 할지 엄두가 나지 않지요. 그런 고민이 있는 부모님들을 위해, 즐겁게 수학을 배울 수 있는, 미치도록 재미있는 수학 교재 〈수빠맨〉을 준비했습니다.

수학에 빠진 전 세계 아이들이 맨 처음 선택한 기초 교재, 〈수빠맨〉은 재미있고 흥미진진한 이야기를 초등 수학의 네 가지 학습 영역으로 구성하여, 다채로운 수학 문제 풀이 활동을 할 수 있도록 했습니다. 여러 가지 수학 놀이 활동을 하는 동안, 초등 수학 전 과정에 걸쳐 핵심 개념을 습득할 수 있습니다.

이 책은 단원마다 짧은 이야기에서부터 시작합니다. 기발하면서도 재미난 상상이 가득한 이야기를 읽고 이야기와 긴밀하게 이어져 있는 수학 문제를 풀어 나가면서 수학 독해력을 기르는 훈련을 하게 되지요. 더 나아가 생활과 수학이 밀접하게 연관되어 있다는 것을 체득하며 수학에 대한 호기심과 흥미가 자연스럽게 생길 것입니다.

〈수빠맨〉은 수학 개념을 무작정 외우는 대신, 아이들 스스로 수학 개념을 익힐 수 있도록 설계했습니다. 책에 있는 여러 수학 활동들을 아이들 '스스로' 할 수 있도록 도와주세요. 스스로 문제를 해결해 가면서 수학에 대한 자신감을 기를 수 있을 테니까요.

• 기다려 주세요!

아이가 문제를 풀 때까지 시간이 오래 걸릴 수 있습니다. 또 책을 다 풀지 않고 중간에 덮어 버리거나, 어떤 문제는 건너뛸 수도 있습니다. 그것만으로 수학을 포기했다고 단정하지 마세요. 그저 아이를 믿고 기다려 주세요.

• 답을 알려 주는 대신, 질문을 하세요!

아이들이 어떻게 풀어야 하는지, 답이 무엇인지 모르겠다고 했을 때 바로 답을 알려 주지 마세요. 대신 질문을 통해 아이들을 정답으로 유도해 주세요. 문제를 다시 잘 읽어 보도록 독려하거나, 막힌 부분이 무엇인지 물어보고 아이 스스로 답을 찾아 나갈 수 있도록 도와주세요.

• 수학 문제 해결의 첫 단계는 이해라는 점을 잊지 마세요!

수학 공부를 막 접하는 초등 저학년일수록 문제만 읽고 무턱대고 계산하거나 문제 푸는 공식만 외지 않도록 주의해야 합니다. 대신 한 문제를 풀더라도 아이가 문제를 제대로 이해할 수 있도록 시간을 충분히 주세요. 또한 아이들이 수학 문제의 답을 잘 맞히는 것보다, 문제를 어떻게 풀었는지 설명하는 것을 습관화할 수 있게 도와주세요. 어떤 풀이 과정을 거쳐 답을 구했는지 아는 것이 가장 중요합니다.

• 생활에서 수학을 찾아보세요!

아이들이 생활 속에서 수를 발견하도록 도와주세요. 여러 활동을 하는 동안 수학이 언제, 어떻게 쓰이는지 물어보고 이야기해 주세요. 이 책을 읽고 난 뒤에는 생활에서 수학이 어떻게 적용되고 실현되는지 아이와 함께 찾아보세요.

초등학생을 위한 최고의 수학 학습서 <수빠맨>

우리가 늘 해 온, 익숙한 수학 공부는 어떤 형태일까요? 여러 가지 수학적 개념과 공식을 외우고 이해하는 것, 그리고 그 이해를 바탕으로 이런저런 문제를 푸는 것을 떠올릴 수 있습니다. 하지만 초등학생에게 그와 같은 학습 방법을 그대로 적용하는 게 반드시 옳지는 않습니다. 그러한 정통의 수학 학습법은 조금 나중에 한다고 하더라도 늦지 않습니다. 수학을 이제 막 시작하는 초등학생은 수학과 친숙해지는 방식으로 공부하는 것이 훨씬 더 중요합니다.

시중에는 연산 훈련을 하는 교재나 부모님과 아이가 함께 공부할 수 있는 수학 교재가 많이 있습니다. 처음 출판사에서 초등학생을 대상으로 수학책을 펴낸다고 들었을 때 기존에 있는 다른 책들과 무엇이 다를까 궁금했습니다. 그리고 이 책을 살펴보고 나니 확신할 수 있었습니다. <수빠맨>은 아주 특별한 책이라는 것을 말입니다. 이 책은 조금만 살펴보아도 어떻게 전 세계 어린이들의 마음을 사로잡았는지 알 수 있습니다. 아이들의 시선을 끄는 캐릭터와 함께 다양한 환경에서 일어나는 재미있는 이야기들로 가득 차 있는 책이거든요.

<수빠맨>은 평범하고 시시한 수학 학습서가 아닙니다. 등장하는 캐릭터와 이들이 끌어가는 이야기가 재미있기도 하지만 무엇보다도 수학적인 내용이 알찹니다. 수와 연산, 도형과 측정, 규칙과 추론 등 초등학교 수학 교육 과정에 등장하는 필수적인 내용이 충실하게 담겨 있습니다. 아이들은 이 책을 펼쳐 여러 가지 수학 활동을 하는 동안 자연스러운 사고 흐름에 따라 마치 게임을 하듯 공부할 수 있습니다. 높은 수준의 집중력을 발휘하지 않더라도 퀴즈를 풀고, 도형과 전개도를 오리고, 스티커를 붙이면서 수학적 개념을 이해하고 문제를 해결할 수 있도록 구성되어 있습니다.

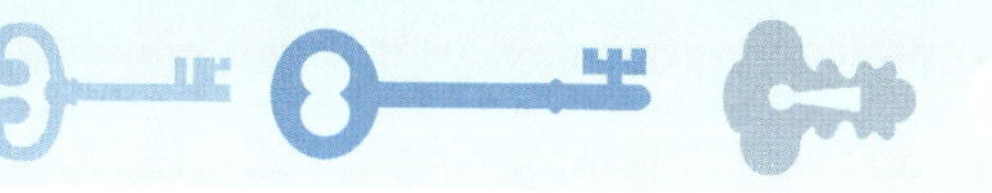

이 책은 단원마다 짧은 이야기에서부터 시작합니다. 기발하면서도 재미난 상상이 가득한 이야기를 읽고 이야기와 긴밀하게 이어진 수학 문제를 풀어 나가면서 수학 독해력을 기르는 훈련을 할 수 있습니다. 여러 가지 이야기들을 통해 수학이 생활과 밀접하게 연관되어 있다는 것을 체득하며 수학에 호기심과 흥미가 자연스럽게 생길 수 있도록 돕습니다.

초등학교 때에는 수학을 꼭 남들보다 더 잘할 필요는 없습니다. 수학과 친해지고 수학에 대한 자신감을 가지는 것이 수학 문제를 잘 푸는 것보다 더 중요합니다. 학습 진도를 정규 과정보다 많이 앞서 나가지 않아도 됩니다. 호기심과 집중력을 가지고 공부하기만 하면 수학은 아주 재미있는 공부라는 것, 열심히 하면 나도 수학을 잘할 수 있다는 것을 느끼게 해 주면 됩니다. 수학에 흥미와 자신감이 있으면 때때로 너무 어려운 문제가 나오더라도 쉽게 포기하지 않고 문제를 스스로 해결하기 위해 부딪히고 애쓸 힘이 생깁니다.

그런 의미에서 〈수빠맨〉은 초등학생들을 위한 최고의 수학 학습서 중 하나라고 확신합니다. 아이 스스로, 또는 부모와 함께 〈수빠맨〉으로 재미있게 수학 공부를 하다 보면 저절로 수학과 친해질 것입니다.

 송용진
(수학자, 인하대학교 명예 교수)

한국을 대표하는 위상수학자입니다. 서울대학교 수학과를 졸업하고 미국 오하이오주립대에서 박사학위를 받았습니다. 오랫동안 영재교육과 수학올림피아드에 대한 일을 해 왔으며 지금은 국제수학올림피아드 선출직 위원(IMO BOARD MEMBER)으로 활동하고 있습니다. 쓴 책으로 《수학은 우주로 흐른다》, 《영재의 법칙》, 《수학자가 들려주는 진짜 논리 이야기》 등이 있습니다.

2
123
4
56
916 x
15 =
13740
0
144
?
?

학습 주제

분수

$\dfrac{1}{78}$

분수를 나타낼 때는 가로선을 중심으로
선 아래에는 분모, 선 위에는 분자를 씁니다.
분모는 전체 양을 뜻하고 분자는 부분의 크기를 뜻하지요.
이러한 분수 개념을 바탕으로 크기를 비교하고,
분수 계산 연습을 해 봐요.
이 책을 통해 분수의 기본 개념을 이해하고
수학 사고력을 키울 수 있습니다.

$\dfrac{2}{23}$

마법의 돋보기

태우와 빛나는 집으로 돌아오는 길에 공원을 지나가고 있었어요. 반짝! 갑자기 어딘가에서 빛이 났어요. 빛은 조약돌에서 조약돌로 움직이더니 순식간에 사라졌어요.

"봤어? 저게 뭐지?"

"저기, 저 잔디 좀 봐!"

태우가 길옆의 잔디밭 한편에서 반짝이는 빛을 발견했어요.

빛은 이리저리 춤추며 잔디밭을 가로질러 어느 덤불 속으로 쏙! 들어갔어요.

두 아이가 덤불을 손으로 헤집어 보았더니, 돋보기 하나가 있었어요.

"빛이 생긴 이유는 이 돋보기 때문일 거야. 빛을 한곳으로 모아 주니까!"

태우가 돋보기를 이리저리 살펴보며 말했어요.

"…줘."

갑자기 돋보기에서 작은 목소리가 들렸어요.

빛나가 놀라서 돋보기를 쳐다보니, 돋보기가 분명한 목소리로 말했어요.

"내 말이 들리니? 제발 나 좀 도와줘. 나는 마법의 돋보기 '뽀기'야. 비밀 수학 수호대에서 너희를 찾아 임무를 해결하라고 나를 보냈어. 수학 도둑 루팡이 마법의 수가 적혀 있는 고대의 수학 점토판을 훔쳐 갔어. 오늘 밤 12시 전까지 그 판을 찾지 못하면 세상의 모든 숫자가 사라질 거야!"

"그렇다면 오늘 수학 숙제를 안 해도 되겠는걸?"

"하지만 내일 있을 축구 경기도 못 보겠지. 점수를 매길 수 없으니까! 엄마가 만들어 주시는 쿠키도 못 먹을 거야. 오븐 온도를 못 맞추니까!"

"정확해, 수학이 없으면 우리의 일상은 망가질 거야."

뽀기의 말에 태우와 빛나는 서로를 바라보고, 고개를 끄덕였어요.

"뽀기야, 우리가 뭘 하면 돼?"

뽀기는 안도의 한숨을 내쉬며 말했어요.

"우선 임무 수행을 위해서는 간단한 수학 훈련이 필요해. 첫 번째 훈련은 우리 비밀 수학 수호 대의 암호명을 알아내는 거야. 아래 좌표에 알맞은 그림을 모눈에 색칠하면, 비밀 수학 수호대 의 상징이 나타날 거야!"

알파벳과 숫자가 만나는 좌표에 주어진 모양대로 색칠해 보세요.

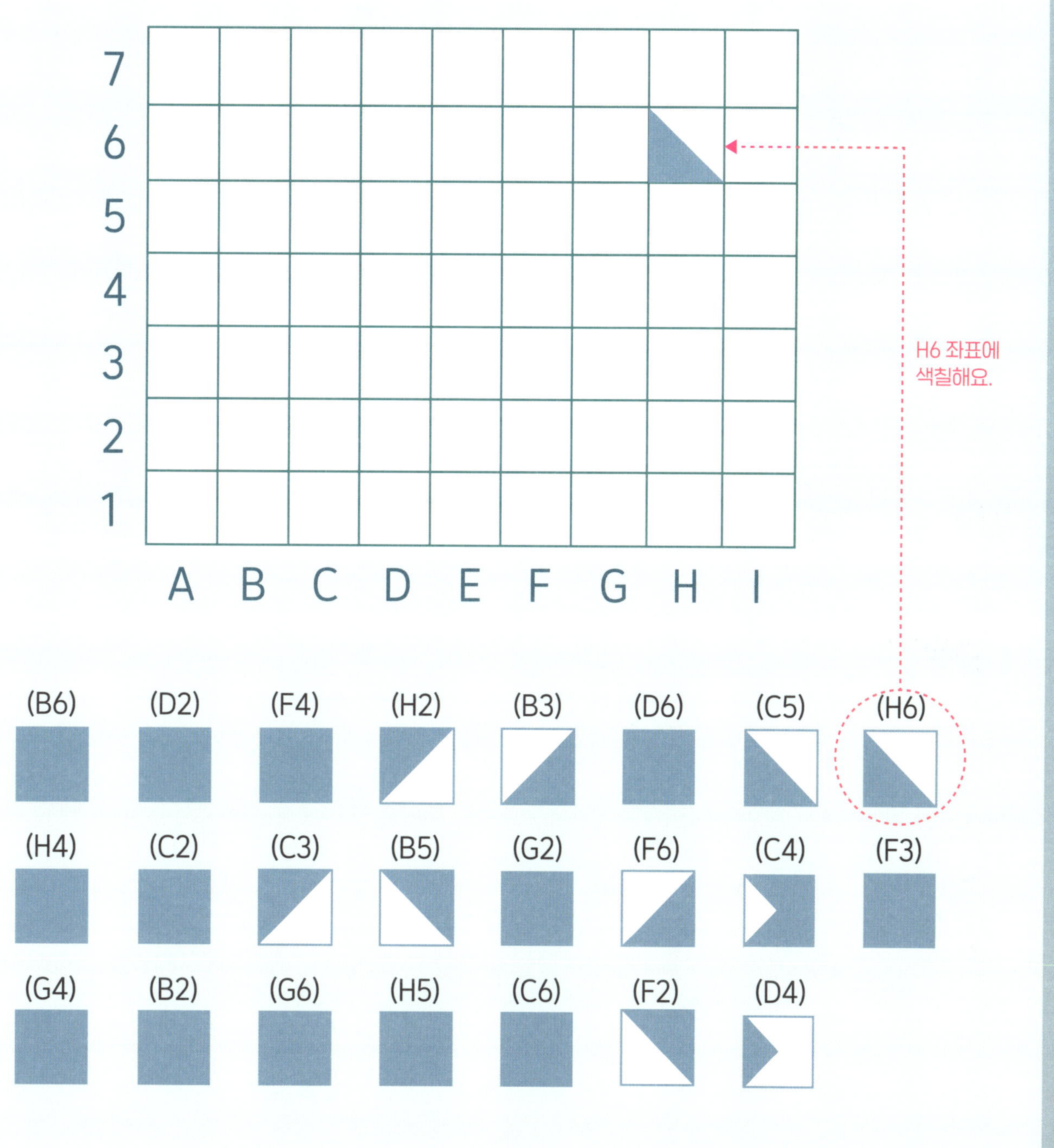

시그마 본부로 가는 길

비밀 수학 수호대의 암호명은 '시그마2(Σ2)'입니다.
태우와 빛나가 비밀 수학 수호대의 비밀 대원으로서 시그마2 본부로 가려고 합니다.
본부는 수학 도둑들을 막기 위해 특별하게 지은 수학 다리 너머에 있어요.
다리나 돌에 4의 배수가 적혀 있는 것들만 디딜 수 있답니다.
빛나와 태우가 디딜 수 있는 곳에 ○ 표시해 주세요.

53
36
4
20
34
40
26
어떤 수를 1배, 2배, 3배… 한 수를 그 수의 배수라고 합니다.
즉, 4×1=4, 4×2=8, 4×3=12… 는 4의 배수예요.

조건에 맞는 수 찾기

드디어 본부에 도착했어요. 첫 번째 훈련을 무사히 통과한 걸 축하해요.
이제 본격적인 훈련의 시간이군요. 가장 먼저 함정을 피하는 법부터 배워 볼까요?
7의 배수인 타일만 밟아서 길을 나타내 보세요. 다른 타일을 밟으면 경고음이 울려요.

이번에는 단서를 찾는 훈련입니다. 3으로 나누었을 때
나머지가 2가 되는 발자국에 색칠하세요. 색칠한 발자국만 따라가면 됩니다.

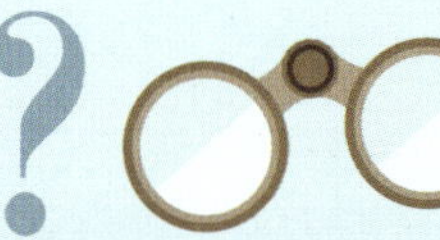

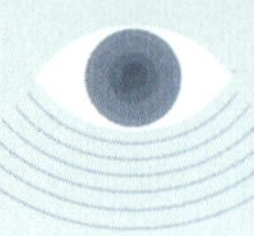

거짓말쟁이는 누구일까?

지금부터 누가 진실을 말하는지 가려내는 방법을 배워 보겠습니다.
진술문을 읽고 참 또는 거짓을 ● 안에 써넣으세요.

(6) 어떤 홀수는 항상
2의 배수입니다.

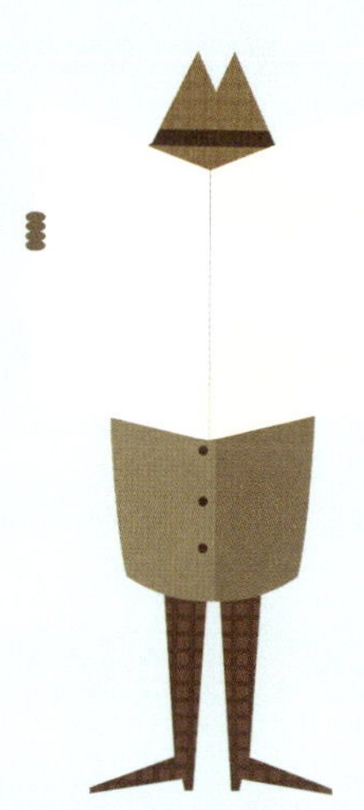

(7) 72는 3, 4, 6으로
모두 나누어떨어집니다.

(8) 3의 배수도 되고
2의 배수도 되는
수는 없습니다.

(9) 두 홀수의 합은
항상 짝수입니다.

(10) 어떤 수가
4의 배수이면
그 수는 항상
2의 배수입니다.

(11) 7을 3배 한 수를
다시 2배 하면
42가 됩니다.

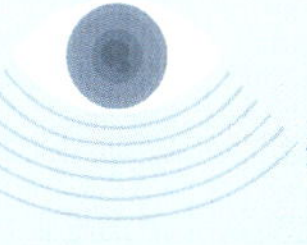

"훈련을 잘 마쳤구나. 너희는 이제부터 비밀 수학 수호대의 비밀 대원들이야."

"비밀 대원으로서 첫 임무는 뭐야?"

뽀기의 말에 신이 난 빛나가 물었어요.

"음, 좀 골치 아픈 임무야. 15조각의 점토판을 모아야 하는데…."

"15조각이라고? 그걸 다 어떻게 찾아?"

뽀기가 덤불 사이로 황동 손잡이가 삐죽 튀어나온 나무문을 가리키며 말했어요.

"바닥에 있는 '비밀의 문'이 너희들을 마법에 걸린 숲으로 보내 줄 거야. 그 숲에서 '바람의 탑'을 찾아. 그 탑에 첫 번째 조각이 있어."

"이 문이 우리를 마법에 걸린 숲으로 데려다준다고?"

"맞아. 너희가 임무를 완수할 때마다 다음 임무지로 가는 '비밀의 문'이 나타날 거야. 자자, 시간이 없어. 수학 도둑 루팡을 어서 잡아야 한다고! 수학의 운명은 너희 손에 달려 있다는 걸 잊지 마. 이제 떠나 보자고!"

뽀기가 비밀의 문을 열고 들어가며 말했어요. 태우와 빛나도 깜깜한 비밀의 문 안을 바라보다가 셋을 세고 뛰어내렸지요. 깜깜한 어둠도 잠시, 곧 발이 땅에 닿았어요. 빽빽한 나무들을 보니, 숲 한가운데에 떨어진 모양이에요.

"그래서 바람의 탑은 어디에 있는 거지?"

"일단 움직여 보자."

앞장서서 성큼성큼 걷던 태우가 갑자기 꽈당! 하고 넘어졌어요.

"억… 웬 나무뿌리가 이렇게 많아!"

"잠깐, 태우야, 이건 나무뿌리가 아니야. 단서를 찾았어!"

태우와 빛나는 12개의 나무 막대로 만든 창문 모양의 암호를 발견했어요.
옆에는 이런 쪽지가 있었죠.

태우와 빛나를 도와주세요! 제거할 나무 막대에 X 표시를 하면 돼요.

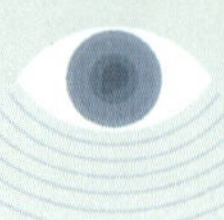

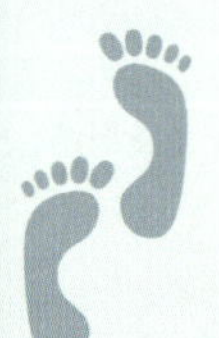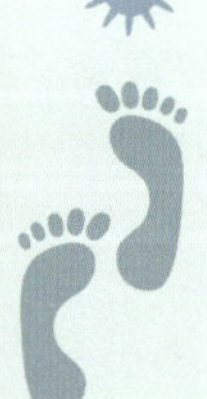

나침반의 수 완성하기

태우와 빛나가 쪽지의 수수께끼를 풀자마자, 거짓말처럼 나무들이 움직여 길을 만들었어요. 길을 따라 얼마쯤 걸으니, 네 갈래 길이 나왔어요. 어느 길이 바람의 탑으로 가는 길일까요?
먼저 가로줄 열쇠와 세로줄 열쇠를 읽고 십자 퍼즐의 빈칸에 알맞은 수를 써넣으세요.
십자 퍼즐의 색칠된 원 안에 있는 수가 바로 나침반에 들어갈 숫자예요.
나침반을 완성하고 가장 큰 수가 있는 방향으로 가세요.

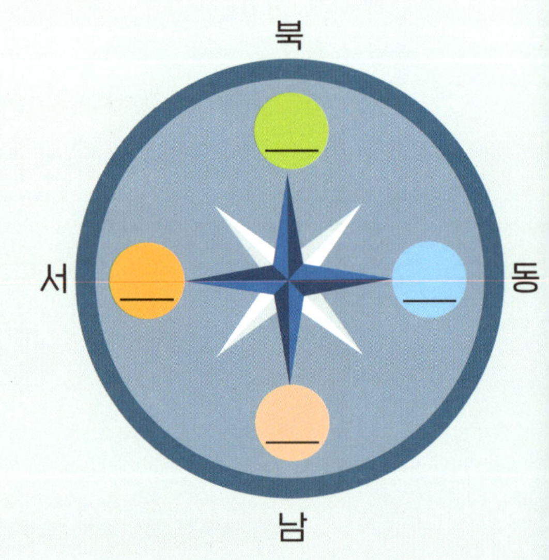

가로줄 열쇠

1. 4 곱하기 4의 값은?
3. 6분은 몇 초인가?
6. 3 곱하기 8의 값은?
7. 1년의 계절 수와 오각형의 변의 수를 곱하면?
8. 일의 자리의 숫자가 5, 십의 자리의 숫자가 1, 백의 자리의 숫자가 5, 천의 자리의 숫자가 8인 수는?
12. 1000을 10등분 한 크기는?
13. 어떤 수를 2배 하면 38이 될 때, 어떤 수는?

세로줄 열쇠

1. 24를 2로 나눈 몫은?
2. 4 곱하기 162의 값은?
3. 수 1, 2, 3을 한 번씩 써서 만들 수 있는 가장 큰 세 자리 수는?
4. 5와 120의 곱에 5를 더한 수는?
9. 50을 10배 한 수는?
10. 55를 5로 나눈 몫은?
11. 가장 큰 두 자리 수는?

분수 벽돌 만들기

태우와 빛나는 점점 거세지는 바람을 맞으며 동쪽으로 걸었어요. 탑에 가까워질수록 바람은 점점 더 심해졌죠. 이윽고 탑에 도착했어요. 하지만 탑에 들어가려면 문제를 풀어야 해요. 힌트를 잘 읽고 문제를 해결해 주세요.

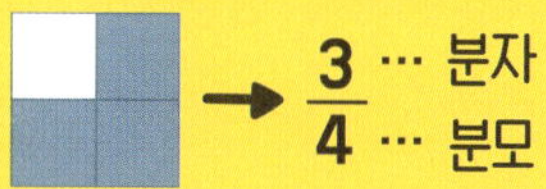

힌트 탑의 벽돌에는 각각 다른 분수가 적혀 있습니다. 그 분수의 크기는 벽돌의 크기와 일치해요. 비어 있는 벽돌에 알맞은 분수를 써넣으세요.

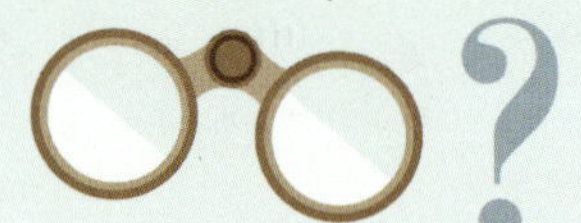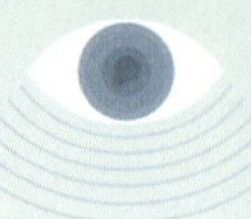

분수로 나타내기

저기 아래에 점토판 조각이 있어요! 점토판 조각을 구하려면 다음 문제를 풀어야 해요.
창문의 크기를 1이라고 할 때 색칠된 부분을 분수로 나타내 보세요.

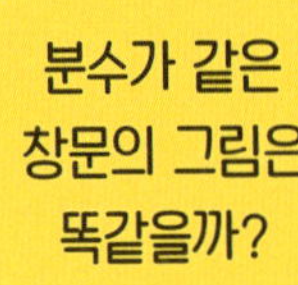

조각을 발견한 기쁨도 잠시, 다음 퍼즐을 발견했어요.
모눈 판을 주어진 수만큼 모양과 크기가 똑같게 나누어 보세요.

2조각

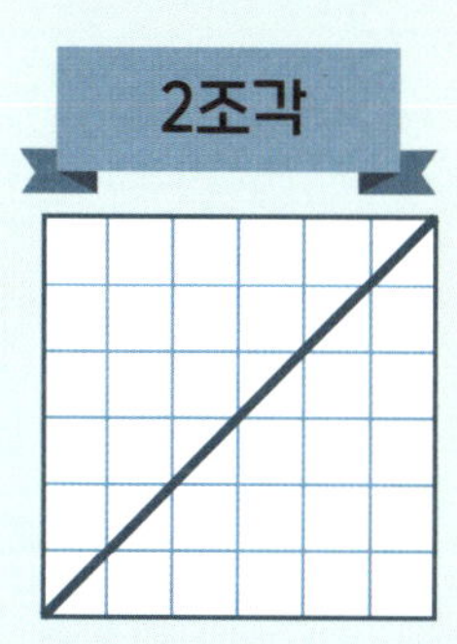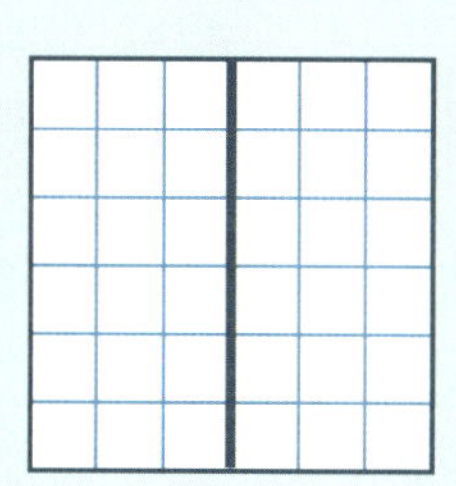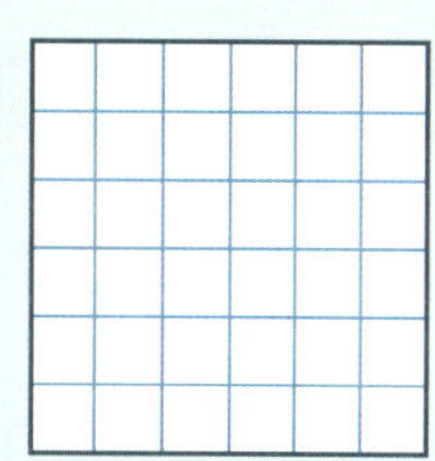

3조각

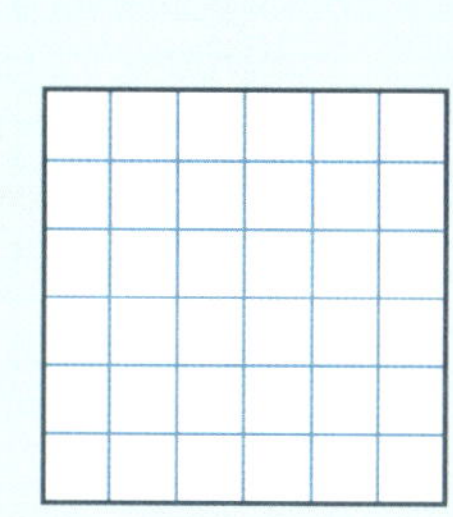

4조각

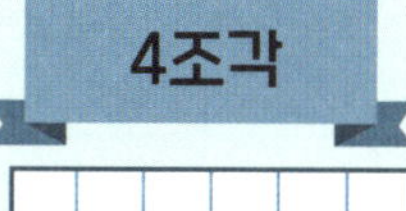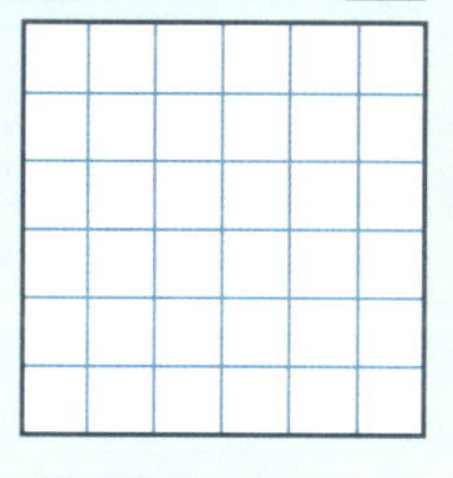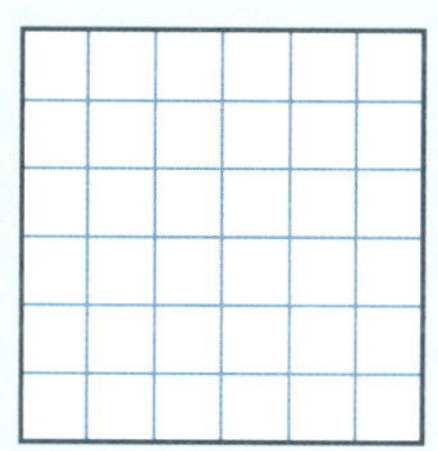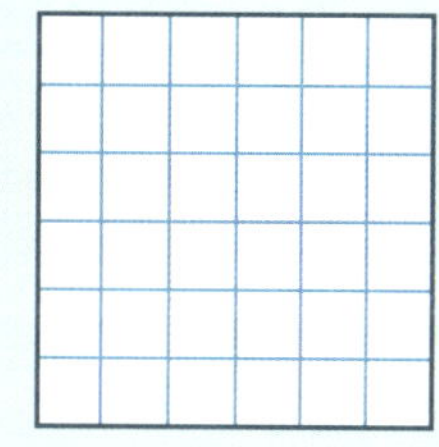

6조각

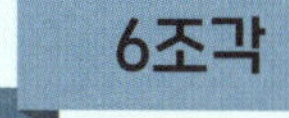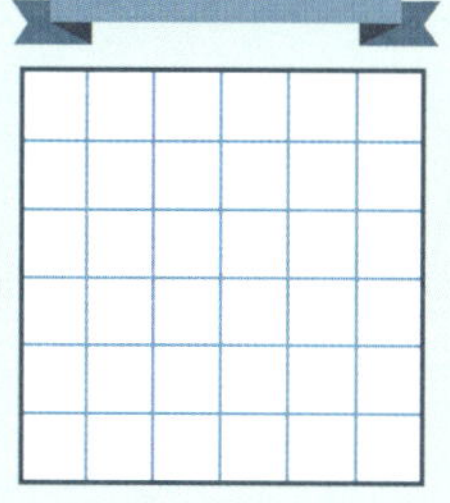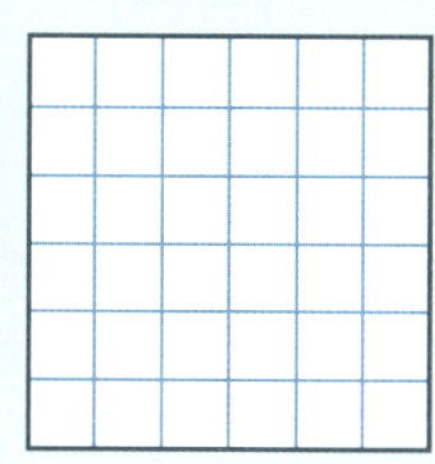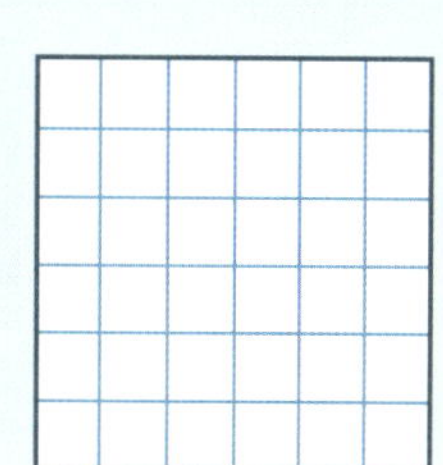

8조각

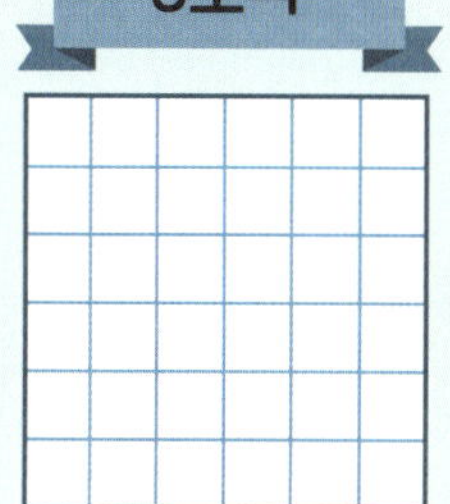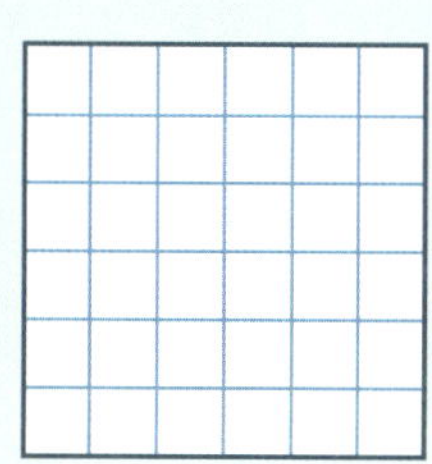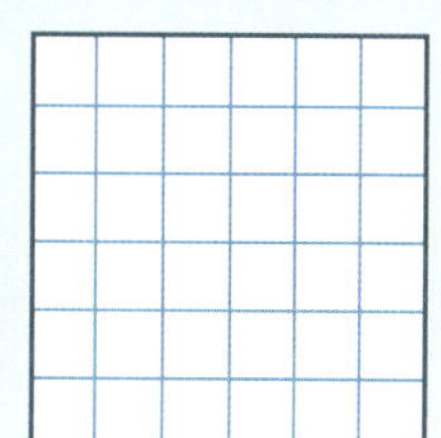

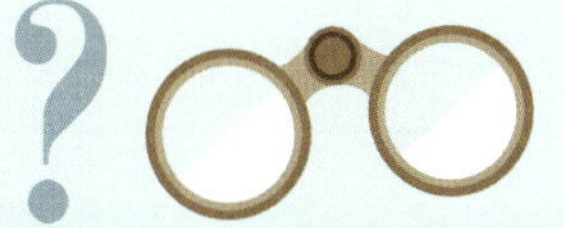

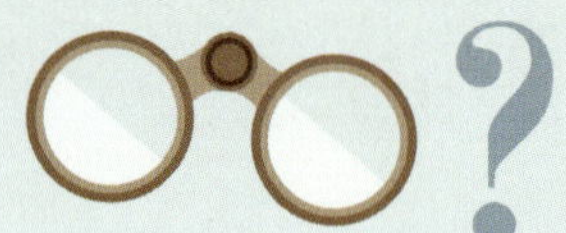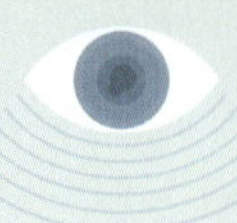

분수만큼 색칠하기

유리창 전체를 여러 조각으로 나누었어요.
유리창의 크기를 1이라고 했을 때 조각들의 크기를 분수로 나타내고, 아래 분수 크기에 알맞게
색칠해 보세요. 작은 조각의 개수를 세어 보면 더 쉬울 거예요.

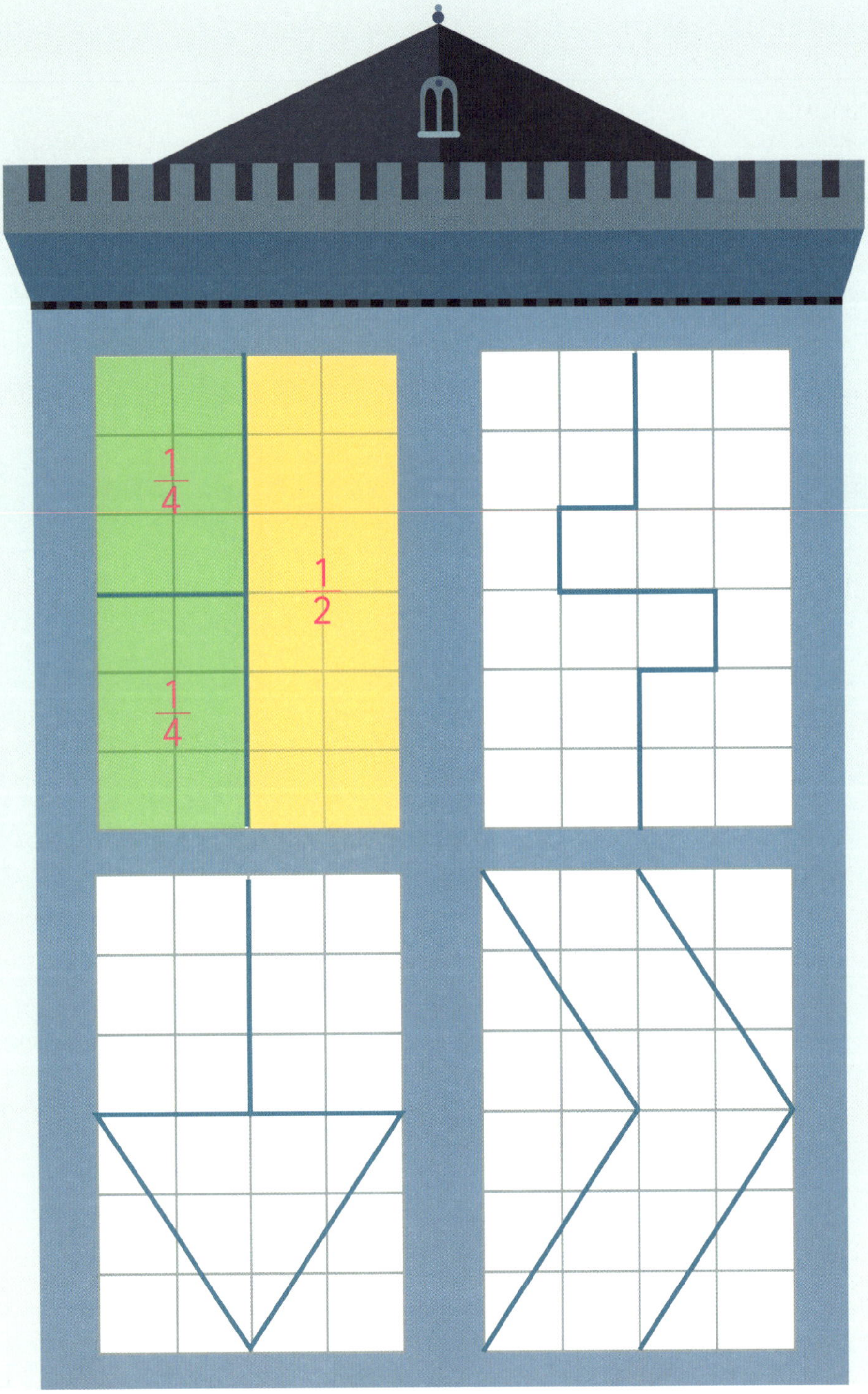

$\frac{1}{2}$ $\frac{1}{4}$ $\frac{1}{8}$

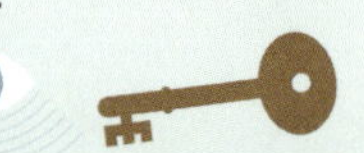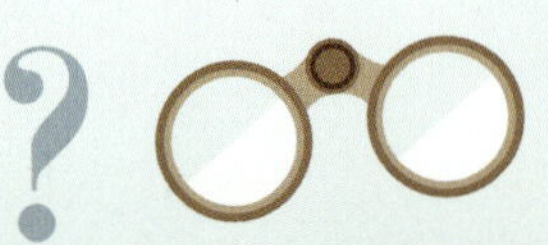

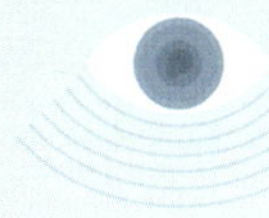

퍼즐이 풀리면서 문이 열렸어요. 태우, 빛나와 함께 조심해서 성안으로 들어가 봐요!
분수의 크기를 비교하는 건 어려워요. 그래서 분수 막대를 만들어서 눈으로 보며 크기를 비교해 볼 거예요.

필요한 것

분수 막대, 가위

분수 막대 만드는 방법

본문 뒤에 있는 분수 막대를 점선을 따라
오리면 완성!

분수 막대로 분수의 크기를 빠르게 비교할 수 있어요.
분수의 덧셈을 할 때도 크기가 같은 분수로 바꾸어
편리하게 쓸 수 있답니다.

잘했어요.
여러분은 점토판의 2번째 조각을 구했어요.
점토판을 오려 52쪽에 붙이세요.

분수의 크기 비교

태우와 빛나가 성안에서 헤매는데, 갑자기 무시무시한 뿔을 가진 사슴이 튀어나왔어요.
"나는 대장 사슴이다! 이 탑에 들어온 이상, 무사히 나가고 싶으면 분수 막대를 활용해 이 퍼즐들을
풀어야 한다!"

(1) 각 줄에 있는 분수를 비교하세요.
가장 작은 수에는 ◯를,
가장 큰 수에는 ◯를 그리세요.

$$\frac{1}{5} \quad \frac{1}{8} \quad \frac{1}{2} \quad \frac{1}{3}$$

$$\frac{1}{6} \quad \frac{4}{6} \quad \frac{3}{6} \quad \frac{5}{6}$$

$$\frac{2}{8} \quad \frac{1}{5} \quad \frac{3}{7} \quad \frac{3}{6}$$

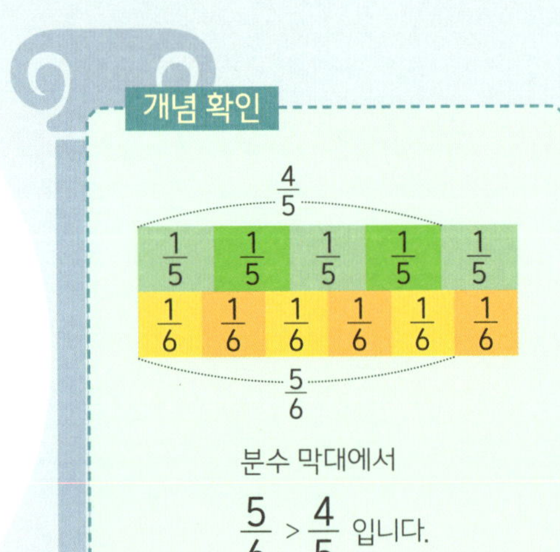

(2) 두 분수의 크기를 비교하여
>, =, < 로 나타내어 보세요.

$$\frac{1}{4} \quad \frac{1}{6} \quad \frac{5}{6} \quad \frac{4}{5}$$

$$\frac{4}{7} \quad \frac{1}{3} \quad \frac{1}{1} \quad \frac{9}{10}$$

$$\frac{4}{8} \quad \frac{1}{2} \quad \frac{2}{6} \quad \frac{1}{3}$$

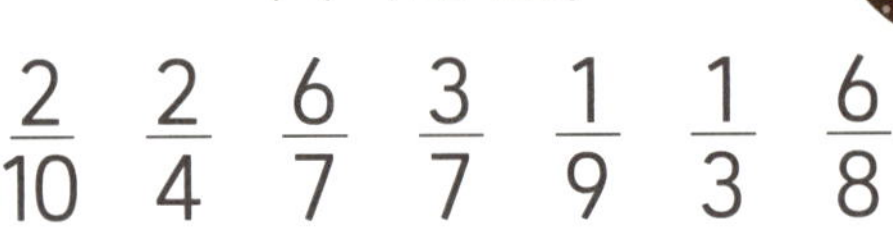

(3) 작은 수부터 차례대로
다시 써 보세요.

$$\frac{2}{10} \quad \frac{2}{4} \quad \frac{6}{7} \quad \frac{3}{7} \quad \frac{1}{9} \quad \frac{1}{3} \quad \frac{6}{8}$$

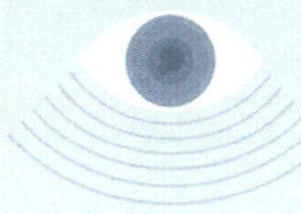

태우가 잔뜩 긴장한 얼굴로 말했어요.
"좋아. 그럼, 우리가 여기 있는 문제들을 다 풀면 네 보석 메달을 줘."
대장 사슴은 코웃음을 치며 고개를 끄덕였어요.
태우와 빛나는 마음속으로 환호했어요. 보석 메달에서 점토판 조각이 보였거든요!

(4) 각 줄에서 크기가
　　다른 분수 하나를 찾아서
　　○를 하세요.

$\dfrac{2}{4}$	$\dfrac{1}{2}$	$\dfrac{3}{6}$	$\dfrac{2}{5}$
$\dfrac{2}{6}$	$\dfrac{7}{8}$	$\dfrac{3}{9}$	$\dfrac{1}{3}$
$\dfrac{6}{6}$	$\dfrac{9}{10}$	$\dfrac{9}{9}$	1

(5) 분수들의 합이 1이 되도록
　　□ 안에 알맞은 수를 써넣으세요.

$$\frac{5}{10}+\frac{\square}{10}=1 \qquad \frac{4}{7}+\frac{\square}{7}=1$$

$$\frac{1}{2}+\frac{\square}{4}=1 \qquad \frac{\square}{3}+\frac{1}{3}=1$$

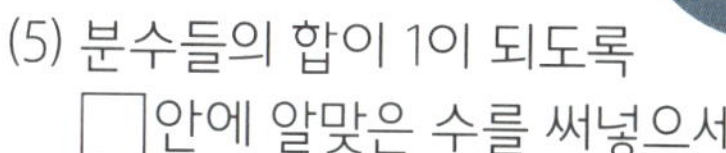

(6) 덧셈식을
　　계산해 보세요.

$$\frac{1}{2}+\frac{1}{2}= \qquad \frac{1}{3}+\frac{1}{3}=$$

$$\frac{1}{2}+\frac{1}{4}= \qquad \frac{2}{3}+\frac{1}{6}=$$

$$\frac{4}{8}+\frac{1}{2}= \qquad \frac{3}{6}+\frac{1}{4}+\frac{2}{8}=$$

$\dfrac{1}{5}+\dfrac{2}{5}$ 는 $\dfrac{1}{5}$ 이 3개인 수이므로

$\dfrac{1}{5}+\dfrac{2}{5}=\dfrac{3}{5}$ 이에요.

$\dfrac{2}{3}+\dfrac{1}{6}$ 은 어떻게 계산할까요?

분수 막대에서 $\dfrac{2}{3}$ 는 $\dfrac{4}{6}$ 와 같아요.

→ $\dfrac{2}{3}+\dfrac{1}{6}$ 은 $\dfrac{4}{6}+\dfrac{1}{6}$ 로 바꿔 계산하면 돼요.

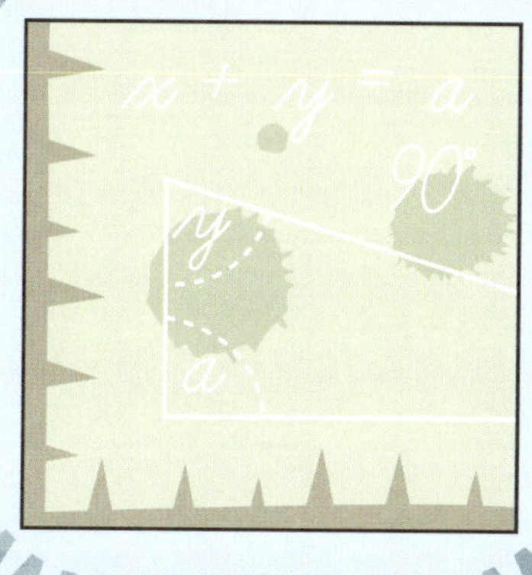

잘했어요.
점토판의 13번째 조각을 구했군요!
점토판을 오려 52쪽에 붙이세요.

불을 뿜는 성

점토판 조각을 무사히 찾았는데도, 비밀의 문은 보이지 않았어요.

성안을 한참 샅샅이 살피던 중 태우가 커튼 뒤에서 문을 찾았어요. 태우와 빛나는 점토판 조각을 끌어안고 비밀의 문을 열고 들어갔어요.

태우와 빛나는 또다른 낯선 곳에 다다랐어요. 성의 탑들은 하늘을 찌를 듯 높고 두꺼운 벽으로 둘러싸여 있었어요. 성에서 불어오는 따스한 온기가 태우와 빛나를 이끌었지만, 성에 가까이 갈수록 뜨거워지는 열기 때문에 두 사람은 땀을 삐질삐질 흘렸지요.

마침내 성문 앞에 도착하니 성 위로 수많은 깃발이 펄럭이고 있었답니다.

태우와 빛나는 성을 빼곡하게 둘러싼 깃발이 신기한 듯 바라보았어요. 그때 성에서 무시무시한 목소리가 들렸어요.

"으하하, 내 깃발들의 정체가 궁금한가 보구나! 저 깃발들은 모두 나와 겨뤘던 기사들의 방패로 만든 것이지. 나에게 진 대가이다."

무시무시한 목소리의 주인공은 바로 성을 지키는 용이었어요.

"우리가 저 용에게서 점토판 조각을 찾을 수 있을까?"

태우가 떨리는 목소리로 물었어요.

"모르지. 하지만 해야 해! 우리가 함께라면 못할 게 없어."

빛나의 말에 태우는 성문 쪽으로 한 발걸음을 내딛었어요.

"맞아, 우리는 비밀 수학 수호대의 비밀 대원이야! 우리가 함께라면 뭐든 할 수 있어!"

성문을 열기 위해서는 분수 암호를 풀어야 해요!
도형 옆에 적힌 분수만큼 도형을 색칠하세요.

전체를 분모의 수만큼 나누고
분자의 수만큼 색칠하면 돼!

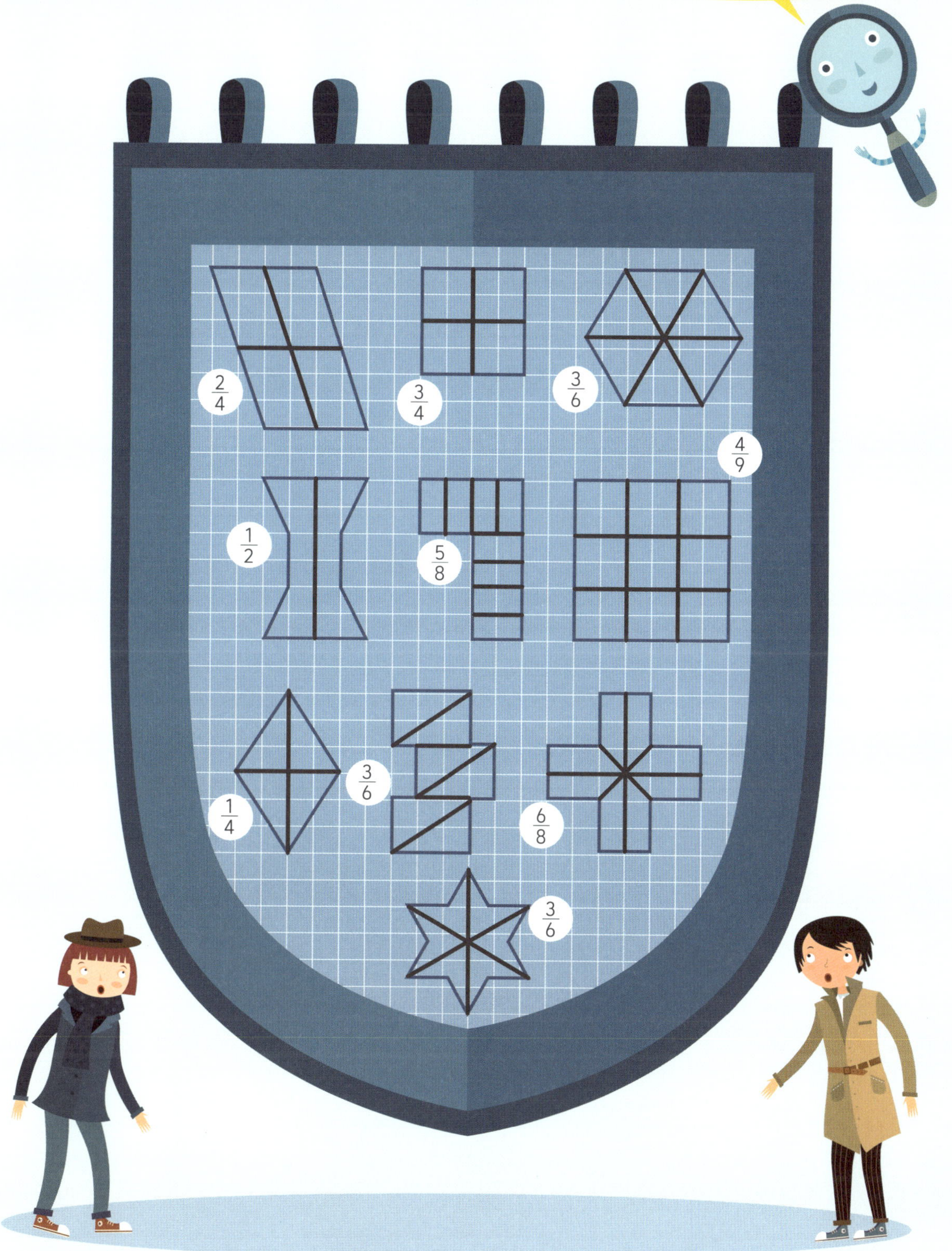

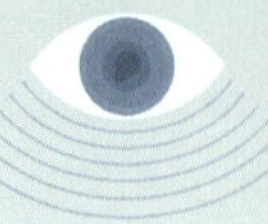

타일의 부분을 보고 전체 알아내기

태우와 빛나는 무사히 성문을 통과했어요. 얼마나 걸었을까, 숨을 못 쉴 만큼 뜨거운 열기에
둘은 발걸음을 멈췄어요. 무시무시한 용이 불을 뿜어 길은 녹아 버렸고,
바닥에 놓인 타일은 깨지고 부서졌어요.
태우와 빛나가 바닥을 무사히 지나갈 수 있도록 타일의 일부분을 보고 전체 타일을 그려 주세요.
타일 아래에 있는 분수는 깨지지 않고 남은 부분을 수로 나타낸 거예요.

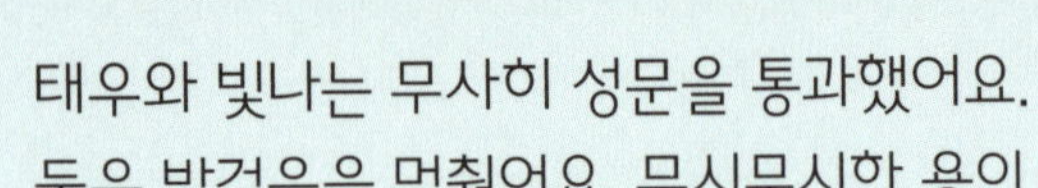

보기

$\dfrac{3}{4}$ $\dfrac{2}{3}$ $\dfrac{3}{4}$ $\dfrac{2}{4}$

$\dfrac{4}{9}$ $\dfrac{3}{4}$ $\dfrac{1}{2}$ $\dfrac{3}{4}$

$\dfrac{3}{5}$ $\dfrac{4}{5}$ $\dfrac{3}{4}$

용이 점토판을 다른 퍼즐에 숨겨 두었나 봐요!
한 줄의 크기는 1이라고 할 때, 가로줄과 세로줄에 적힌 분수만큼 가로줄과 세로줄을 각각
알맞게 색칠해 보세요.

표 1

	$\frac{4}{4}$	$\frac{2}{4}$	$\frac{3}{4}$	$\frac{1}{4}$
$\frac{3}{4}$				
$\frac{1}{4}$				
$\frac{4}{4}$				
$\frac{2}{4}$				

표 2

	$\frac{1}{5}$	$\frac{3}{5}$	$\frac{5}{5}$	$\frac{3}{5}$	$\frac{1}{5}$
$\frac{1}{5}$					
$\frac{3}{5}$					
$\frac{5}{5}$					
$\frac{3}{5}$					
$\frac{1}{5}$					

표 3

	$\frac{5}{5}$	$\frac{2}{5}$	$\frac{3}{5}$	$\frac{1}{5}$	0
$\frac{4}{5}$					
$\frac{1}{5}$					
$\frac{1}{5}$					
$\frac{2}{5}$					
$\frac{3}{5}$					

표 4

	$\frac{5}{7}$	$\frac{7}{7}$	$\frac{3}{7}$	$\frac{6}{7}$	$\frac{3}{7}$	$\frac{6}{7}$	$\frac{3}{7}$
$\frac{7}{7}$							
$\frac{1}{7}$							
$\frac{4}{7}$							
$\frac{7}{7}$							
$\frac{3}{7}$							
$\frac{4}{7}$							
$\frac{7}{7}$							

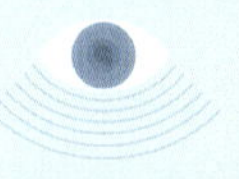

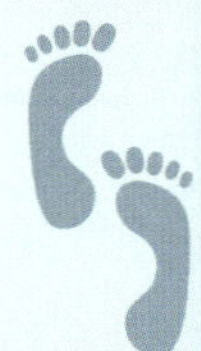

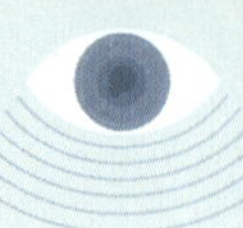

분수 카드 놀이

지금부터 분수 카드 놀이를 해 볼까요? 책 뒤에서 분수 카드를 오리세요.
카드에서 파란색으로 칠한 부분은 전체의 몇 분의 몇인지 알아본 뒤, 여러 가지 카드놀이를 해 보세요.

 **카드 놀이 1** 2~4인용

1. 카드를 골고루 섞어서 똑같이 나눠 주세요. 카드를 뒤집어서 각자의 앞에 둡니다.
2. 순서를 정해 차례대로 가운데에 카드를 한 장씩 올려놓으세요.
3. 이때 내가 가지고 있는 카드의 분수가 가운데 놓인 카드의 분수와 같으면
   "멈춰!"라고 외칩니다.
4. 가장 먼저 "멈춰!"를 외친 사람이 가운데에 쌓아 둔 카드를 모두 가져갑니다.
5. 카드를 가장 많이 모은 사람이 이깁니다.

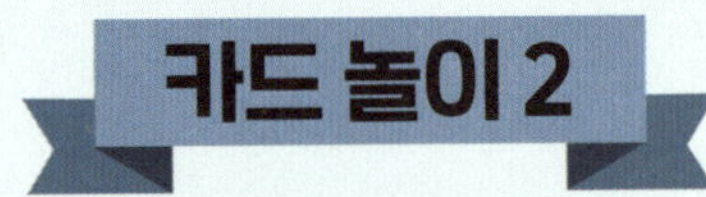 **카드 놀이 2** 2~4인용

카드놀이 1을 살짝 변형한 게임입니다.
1. 게임을 시작하기 전에 각자 동물을 하나씩 정합니다.
2. 카드를 나누고, 게임 1과 동일하게 진행합니다.
3. 카드놀이 1에서 "멈춰!" 대신에 카드를 낸 참가자의 동물 울음소리를 내야 합니다.
   가장 빠르고 정확한 울음소리를 낸 참가자가 카드를 가져갑니다.
4. 카드를 가장 많이 모은 사람이 이깁니다.

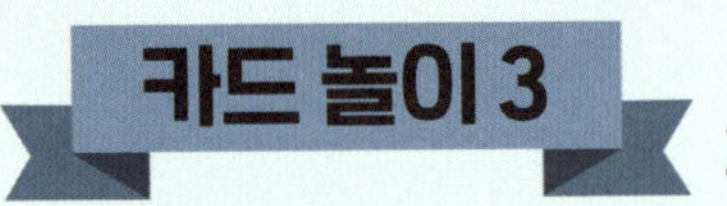 **카드 놀이 3** 2인용

1. 카드를 골고루 섞어서 똑같이 나눠 주세요. 카드를 뒤집어서 각자의 앞에 둡니다.
2. 동시에 카드를 한 장씩 뒤집으면서 카드가 나타내는 분수의 크기를 서로 비교합니다.
3. 둘 중 더 큰 분수가 있는 카드를 가진 참가자가 두 카드를 모두 가져갑니다.
4. 크기가 같으면 바닥에 카드를 두고, 다시 다른 카드를 한 장씩 뒤집습니다.
5. 카드를 가장 많이 모은 사람이 이깁니다.

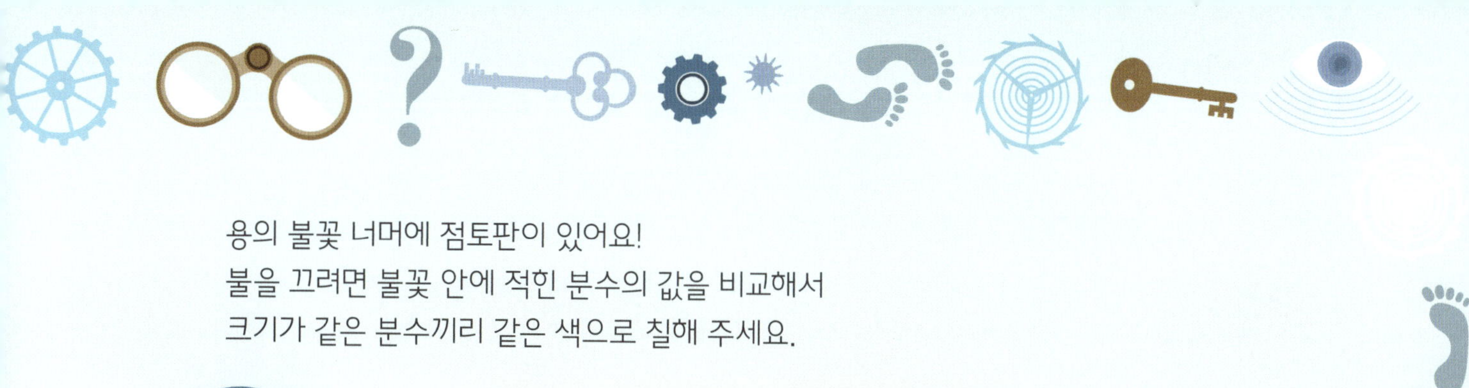

용의 불꽃 너머에 점토판이 있어요!
불을 끄려면 불꽃 안에 적힌 분수의 값을 비교해서
크기가 같은 분수끼리 같은 색으로 칠해 주세요.

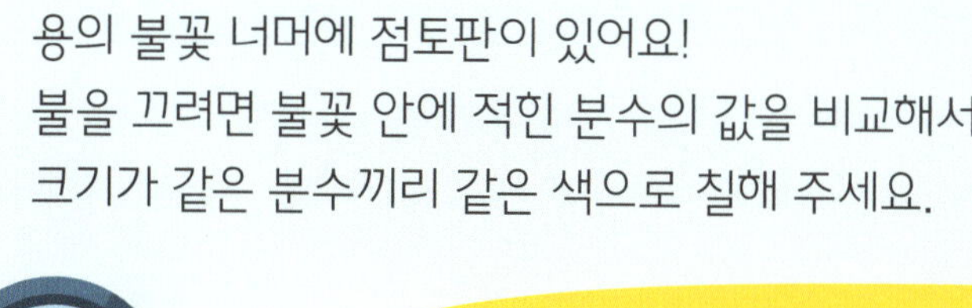

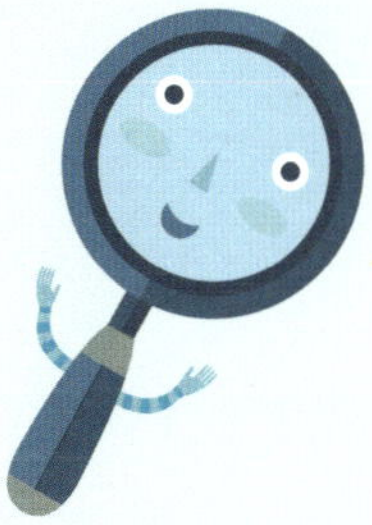

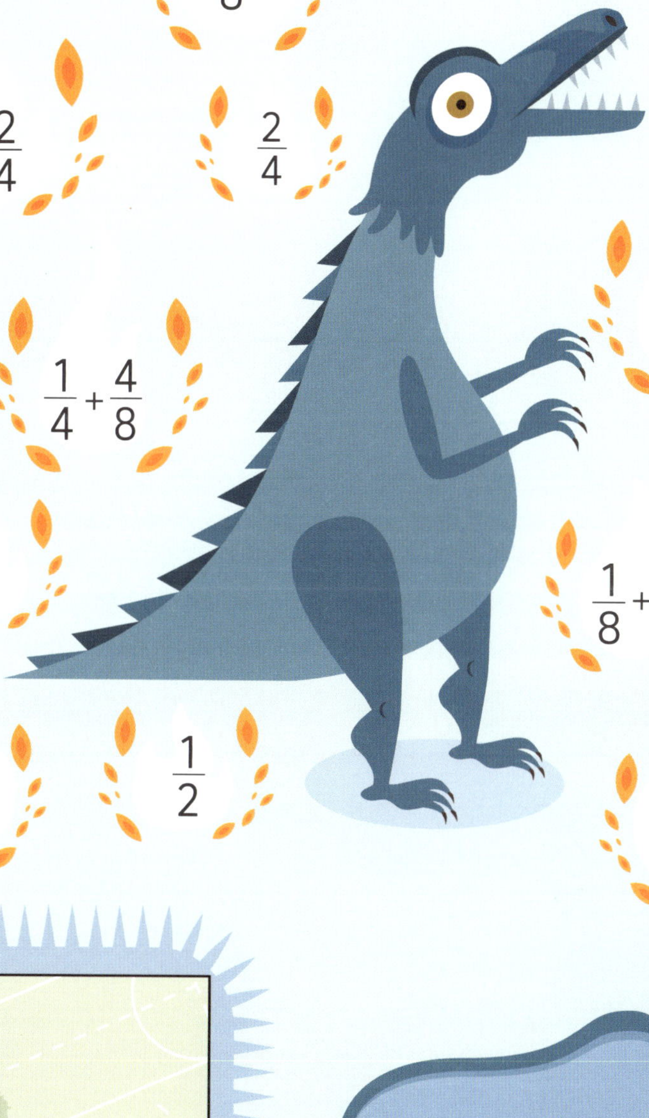

$\frac{3}{4}$

$\frac{4}{8}$

$\frac{1}{2}+\frac{2}{4}$

$\frac{2}{4}$

1

$\frac{1}{4}$

$\frac{2}{8}$

$\frac{1}{4}+\frac{4}{8}$

$\frac{1}{2}+\frac{1}{4}$

$\frac{6}{8}$

$\frac{1}{8}+\frac{1}{8}$

$\frac{1}{2}+\frac{1}{2}$

$\frac{1}{2}$

$\frac{6}{8}+\frac{2}{8}$

$\frac{1}{4}+\frac{2}{8}$

잘했어요.
점토판의 5번째 조각을 구했어요.
점토판을 오려 52쪽에 붙이세요.

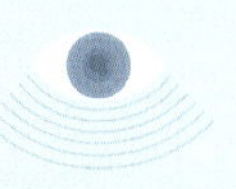

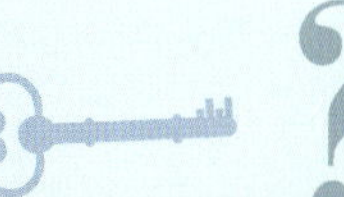

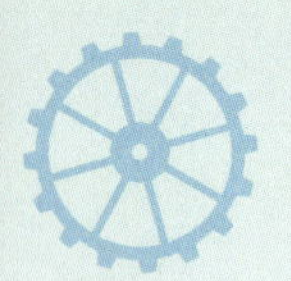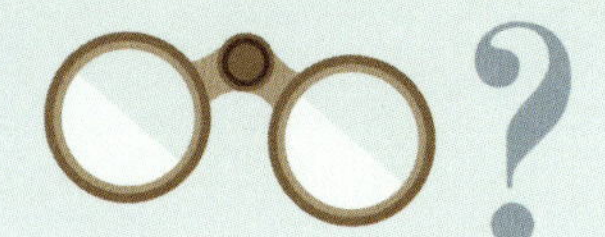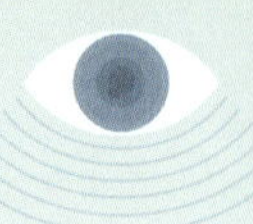

용의 수수께끼

점토판을 찾으려면 용이 낸 수수께끼를 풀어야 해요! 문제를 읽고 용의 수수께끼를 풀어 보세요.

(1) "이 몸은 음료수를 좋아하지. 음료수가 첫 번째 컵에는 $\frac{1}{2}$ 만큼 차 있고, 두 번째 컵에는 첫 번째 컵의 반만큼 차 있고, 세 번째 컵에는 앞의 두 컵의 음료수의 양을 더한 만큼 차 있어. 아래 컵에 음료수의 양을 나타내 봐."

"세 컵에 들어 있는 음료수를 모두 다시 똑같이 셋으로 나누어 담는다면, 한 컵에 얼마씩 담아야 할까? 분수로 나타내 봐!" ----------------------

(2) "용의 상징은 여의주지! 내 양발에는 여의주가 모두 25개 있어.
오른쪽 발에는 왼쪽 발보다 7개 적은 여의주가 들려 있지.
오른쪽 발, 왼쪽 발에 있는 여의주의 개수를 구해 봐."

(3) "나는 초콜릿도 좋아해. 매일 커다란 초콜릿 한 개를 조금씩 나눠 먹는 게
나의 기쁨이야. 내가 아래 규칙으로 월요일에서 토요일까지
초콜릿을 먹는다면 일요일에 남은 초콜릿은 전체의 몇 분의 몇일까?
오른쪽 그림에 남은 초콜릿만큼 색칠하고, 분수로 나타내 봐."

용의 일주일 초콜릿 섭취 규칙

월요일에는 초콜릿의 반의 반을 먹고,
화요일에는 초콜릿의 $\frac{1}{8}$ 을 먹어.
수요일에는 월요일에 먹었던 양의 반만큼을 먹지.
목요일에는 전날 먹었던 양의 반을 먹어.
금요일에는 화요일과 수요일에 먹은 양을 합한 만큼 먹고,
토요일에는 목요일에 먹은 양과 같은 양을 먹지.

(4) 태우와 빛나는 초콜릿으로 용을 유혹해서 용의 불꽃을 멈추려고 해요.

용의 불꽃은 4m입니다.

용이 초콜릿을 하나씩 먹을 때마다 불꽃의 길이가 1m 짧아지고

초콜릿 하나를 다 먹을 때마다 불꽃이 $\frac{1}{2}$m만큼 길어집니다.

불꽃의 길이를 0으로 만들어 완전히 끄려면 용에게 초콜릿을 얼마나 먹여야 할까요?

(불꽃의 길이가 한 번 0이 되면 용은 잠들어 다시 불꽃을 뿜지 않아요.)

(5) 용이 잠들기 전에 점토판이 들어 있는 보물 상자를 찾아야 해요.

다음 식을 보고 보물 상자마다 분수로 나타내고 점토판 조각이 담긴 보물 상자를 찾아 ○해 보세요.

같은 색의 보물 상자는 같은 분수를 나타내며, 점토판 조각은 가장 작은 분수가 적힌

보물 상자에 들어 있어요.

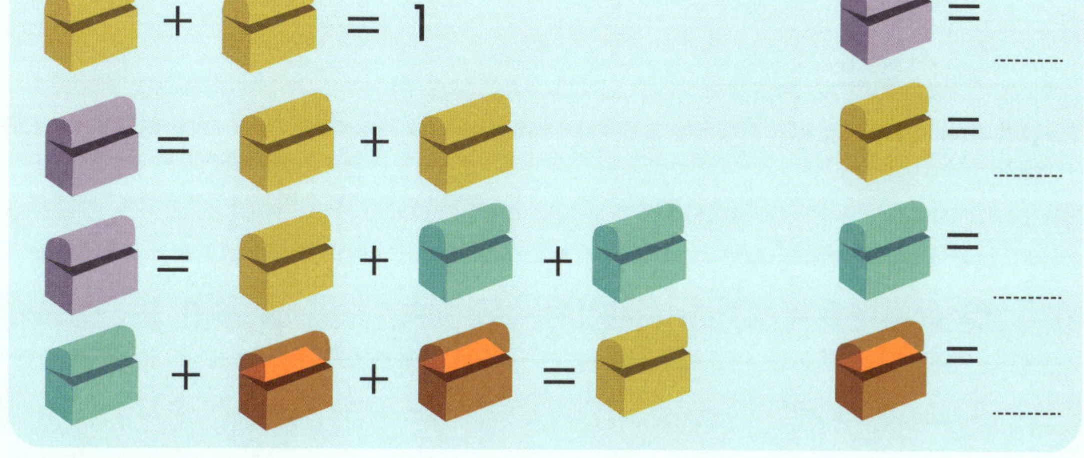

정말 훌륭합니다!
드디어 점토판의 첫 번째 조각을 구했군요.
점토판을 오려 52쪽에 붙이세요.

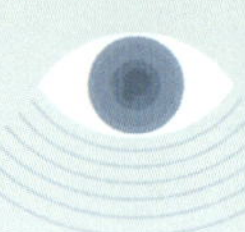

합이 1이 되는 분수

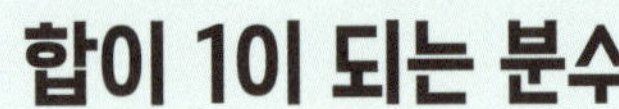

용이 잠든 틈을 타서 태우와 빛나는 용의 게임방으로 몰래 들어
갔어요. 게임방에 있는 문제를 다 풀면 점토판 조각을 하나 더
찾을 수 있을 거예요!
□ 안에 알맞은 분수를 써넣으세요.

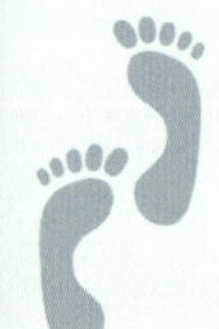

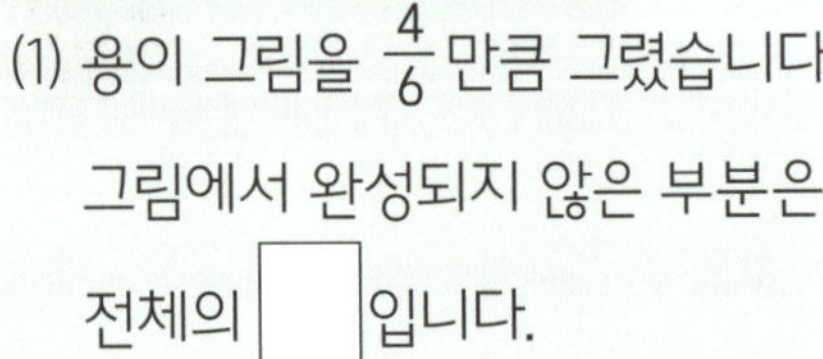

(1) 용이 그림을 $\frac{4}{6}$ 만큼 그렸습니다.

그림에서 완성되지 않은 부분은

전체의 □ 입니다.

(2) 초콜릿에서 남은 부분은 전체의 □ 이고,

먹은 부분은 전체의 □ 입니다.

(3) 용이 그린 부분은 전체의 □ 이고

그리지 않은 부분은 전체의 □ 입니다.

(4) 낡은 옷장을

다시 칠하려고 합니다.

페인트를 칠한 부분은

전체의 □ 이고,

칠하지 않은 부분은

전체의 □ 입니다.

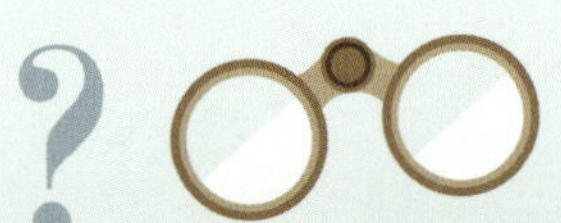

(5) 이럴 수가, 마지막 암호가 그려진 종이가 타고 있어요.
분수를 더해서 1이 되도록 하는 식이군요. ☐ 안에 알맞은 수를 써넣으세요.

크기가 같은 분수 만드는 방법

$$\frac{1}{3} = \frac{1 \times 2}{3 \times 2} = \frac{2}{6} \quad ; \quad \frac{3}{12} = \frac{3 \div 3}{12 \div 3} = \frac{1}{4}$$

→ 분모, 분자에 0이 아닌 같은 수를 곱하거나
0이 아닌 같은 수로 나눕니다.

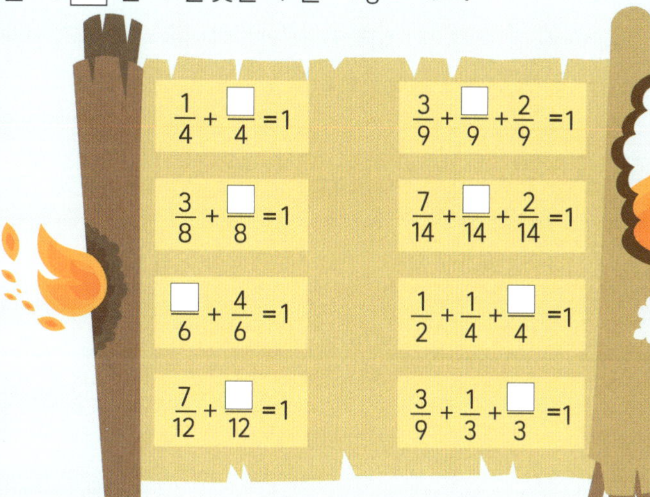

(6) 아래 단서에 따라 알맞게 색칠하세요.

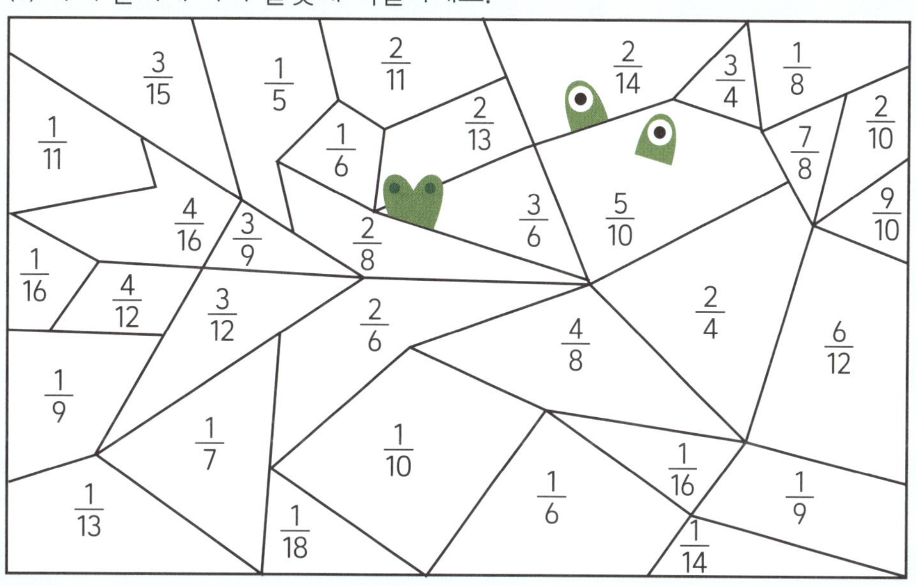

축하합니다.
여러분은 점토판의 10번째 조각을 구했어요.
점토판을 오려 52쪽에 붙이세요.

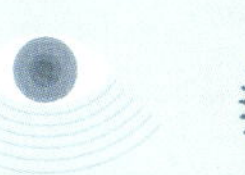

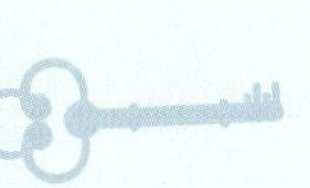

얼음 왕국에서의 모험

불을 내뿜는 성에서 마지막 점토판까지 찾으니 책장 밑에 비밀의 문이 생겼어요. 태우와 빛나는 망설이지 않고 새로운 모험을 향해 뛰어들었죠.

이번에도 엉덩방아를 찧을까 봐 걱정했지만, 어쩐지 바닥이 푹신했어요. 밀가루같이 하얀, 그리고 차가운 무언가가 느껴졌어요.

"눈이다, 눈!"

온통 흰 눈으로 덮인 세상에서 태우와 빛나는 저 멀리 반짝이는 성을 발견했어요.

"아무래도 이번 모험은 저 성에서 하게 될 것 같지? 가 보자!"

빛나가 힘차게 외치며 뛰어갔지만, 얼마 가지 않아 얼음 위에서 미끄러지고 말았어요.

"빛나야, 괜찮아? 여길 건너려면 좀 더 안전한 방법으로 가야겠어."

태우는 주변을 살피더니 넓적한 나무판자를 찾아 가져왔어요. 그리고 이어 붙이더니 썰매처럼 만들었지요.

태우와 빛나는 썰매를 타고 얼음판 위를 신나게 내달렸어요. 얼마나 지났을까, 그들은 반짝이는 성에 도착했어요. 성은 거대한 이글루 모양이었어요. 게다가 성에 문이 3개나 있고, 그 앞은 근엄한 펭귄이 지키고 있는 게 아니겠어요?

"단 하나의 문만 얼음 성안으로 통한다. 내가 내는 퀴즈를 풀지 못하면, 너희는 곧장 얼음 감옥으로 떨어진다. 기회는 한 번뿐이다!"

성안에서 우렁찬 목소리가 울려 퍼졌어요. 태우와 빛나는 아직 찾지 못한 점토판 조각들을 떠올리며 다시 한번 힘을 내기로 했어요.

다음 중 거짓말쟁이 펭귄을 찾아내세요.
옳은 말을 하는 펭귄이 지키는 문으로 가면 얼음 성으로 들어갈 수 있어요.

좋아요!
여러분은 점토판의 4번째 조각을 구했어요.
점토판을 오려 52쪽에 붙이세요.

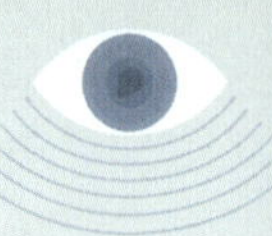

분수를 계산하라!

덜덜덜! 성문을 무사히 통과했지만, 얼음 성이라서 무지막지하게 추워요.
다행히 성안에는 방문객들을 위한 목도리, 털양말, 털모자가 있어요.
그렇지만 문제를 풀어야만 사용할 수 있답니다.

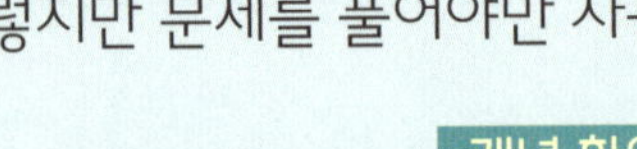

개념 확인

6의 $\dfrac{2}{3}$ 는 얼마인가요?

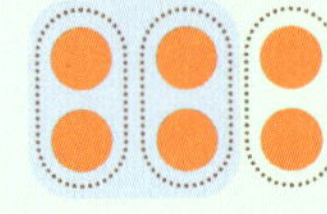

6개를 3묶음으로 나눈 것 중 2묶음이므로 4개입니다.
$\underbrace{\quad}_{6÷3}$ $\underbrace{\quad}_{×2}$

6개의 $\dfrac{2}{3}$ → $6÷3×2=4$(개)

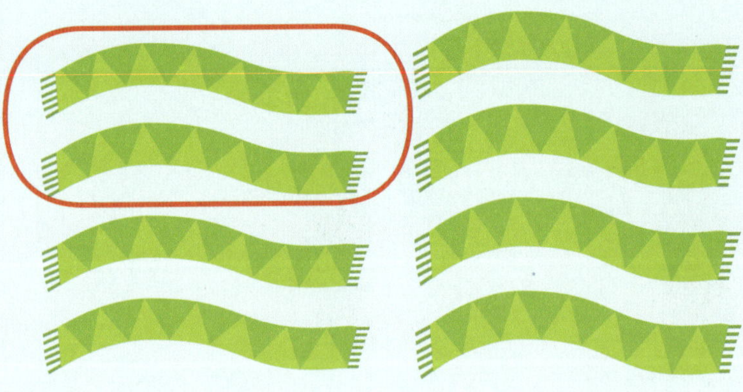

(1) 목도리 8개 중 $\dfrac{1}{4}$ 은 몇 개인가요?

8의 $\dfrac{1}{4}$ → $8÷4×1=$ ______ (개)

(2) 털양말 16개 중 $\dfrac{3}{8}$ 은 몇 개인가요?

16의 $\dfrac{3}{8}$ → ______ (개)

(3) 털모자 15개 중 $\dfrac{2}{5}$ 는 몇 개인가요?

15의 $\dfrac{2}{5}$ → ______ (개)

따뜻하게 무장한 태우와 빛나는 이제 점토판을 찾으러 가려고 해요.
하지만 점토판은 눈사람 군단 속에 파묻혀 있어요.
아래 문제대로 눈사람 군단을 색칠하고 답을 구해서 눈사람 군단을 모두 녹여 주세요!

(1) 눈사람은 모두 몇 개인가요? ___________

(2) 눈사람의 $\frac{1}{5}$ 은 빨간 장갑을 끼고 있어요. 빨간 장갑을 낀 눈사람은 몇 개인가요? ___________

(3) 빨간 장갑을 끼고 있지 않은 눈사람의 $\frac{3}{10}$ 은 줄무늬 목도리를 매고 있어요.
줄무늬 목도리를 맨 눈사람은 몇 개인가요?
____

(4) 나머지 눈사람의 $\frac{4}{7}$ 는 초록 모자를 쓰고 있어요. 초록 모자를 쓴 눈사람은 몇 개인가요? ___________

(5) 빨간 장갑, 줄무늬 목도리, 초록 모자 중 어떤 것도 쓰지 않은 눈사람은 모두 몇 개인가요? ___________

보물 상자를 열어라!

태우와 빛나는 녹은 눈사람 군단의 사이를 조심스레 지나 다음 방으로 들어갔어요.
그 방 안에는 반짝이는 얼음 보물 상자와 그 보물 상자를 지키고 있는 푸른 얼음 사자가 있었죠.
사자의 서슬 퍼런 눈빛으로 보아, 점토판 조각이 상자 안에 있는 게 분명해요!

8의 $\frac{1}{4}$ 은 곱셈식 $8 \times \frac{1}{4}$ 로 나타낼 수 있어요.

8의 $\frac{1}{4}$ 은 → $8 \times \frac{1}{4} = 8 \div 4 \times 1 = 2$

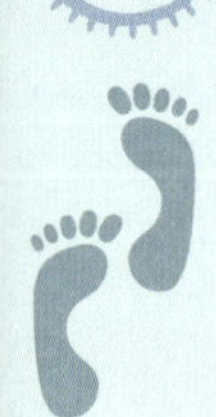

각 문제를 계산하여 나온 답들을 작은 수부터 차례대로 나열해 보세요.
그 답이 바로 첫 번째 자물쇠를 열 수 있는 암호입니다!

(1) 15를 2배하고 7을 더한 값 _______________________________

(2) 48의 $\frac{4}{6}$ 에서 5를 뺀 값 _______________________________

(3) 16의 $\frac{5}{8}$ 와 36의 $\frac{7}{9}$ 의 합 _______________________________

(4) 25의 $\frac{4}{5}$ 의 값 _______________________________

(5) 56의 $\frac{1}{2}$ 에 4를 곱한 값 _______________________________

→ 첫 번째 자물쇠 암호: ☐ ☐ ☐ ☐ ☐

다음 문제를 풀고 ☐ 안에 답을 차례대로 써넣으세요.
두 번째 자물쇠의 암호입니다.

(1) 문지기 펭귄들의 $\frac{5}{7}$ 만큼은 빨간 장갑을 꼈습니다. 문지기 펭귄이 모두 63마리면 빨간 장갑을 낀 펭귄은 모두 몇 마리일까요? _______________________

(2) 성에는 56개의 문이 있습니다. 그중 $\frac{5}{8}$ 는 참나무로 만들었다면, 참나무로 만들어지지 않은 문은 몇 개일까요? _______________________

(3) 얼음 사자에게는 금화 54개가 있습니다. 매일 54개의 $\frac{1}{9}$ 씩 쓴다면, 일주일 후에 남은 금화는 모두 몇 개일까요? _______________________

(4) 얼음 성의 시간은 인간 세계의 시간과 다르게 흐릅니다. 얼음 성에서의 시간은 인간 세계 시간의 $\frac{3}{4}$ 과 같아요. 인간 세계의 20분은 얼음 성에서는 몇 분과 같을까요? _______________________

→ 두 번째 자물쇠 암호: ☐ ☐ ☐ ☐

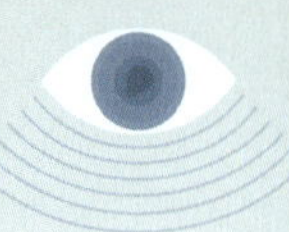

얼음 사자의 질문

얼음 사자가 묻는 질문에 모두 답하면, 점토판을 내어 준다고 해요. 질문을 잘 읽고 답해 보세요.

(1) 나는 보석 40개를 가지고 있단다. 그중 $\frac{3}{5}$ 이 루비이고, 나머지는 사파이어지.
　　루비와 사파이어는 각각 몇 개일까?

____

____

(2) 얼음 성에는 문지기 펭귄, 바다코끼리, 바다표범이 모두 36마리 있단다.
　　펭귄은 전체의 $\frac{1}{2}$ 이고, 바다코끼리보다 4마리가 더 많지.
　　그렇다면,

· 펭귄은 몇 마리일까? 
· 바다코끼리는 몇 마리일까? 
· 바다표범은 몇 마리일까? _____________

(3) 내가 가진 보석 40개의 $\dfrac{1}{8}$ 만큼을 아주 귀한 눈꽃 다이아몬드 1개와 바꿨단다.
그럼 내가 가진 보석은 모두 몇 개가 될까?

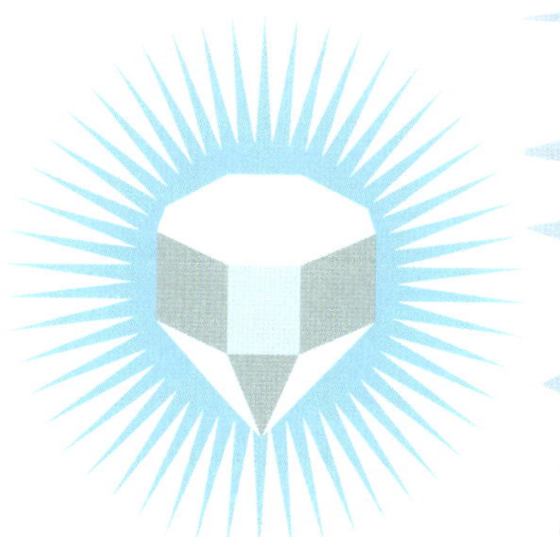

____

(4) 내 서재에는 모두 125권의 책이 있지. 그 책의 $\dfrac{2}{5}$ 는 빙하에 관한 책이고,
그 나머지의 $\dfrac{2}{3}$ 는 눈보라에 관한 것이고, 그 외 나머지 책들은 모두 이글루에 관한
책이네. 그러면 질문에 차례대로 답해 보게.

· 빙하에 관한 책은 몇 권일까? _______________________

· 눈보라에 관한 책은 몇 권일까? _______________________

· 이글루에 관한 책은 몇 권일까? _______________________

끝까지 모험에 성공하길 빌어요!
점토판의 3번째 조각을 구했어요.
점토판을 오려 52쪽에 붙이세요.

얼음 사자의 방에서 비밀의 문을 찾다가 갑자기 태우가 다급하게 말했어요.

"그러고 보니 오늘 밤 12시 전까지 찾아야 한다고 했지! 지금 몇 시야?"

"지금? 밤 11시…, 앗! 시계에서 숫자가 사라지고 있어!"

"이럴 수가! 서둘러야겠어. 빛나야, 어서 가자!"

태우가 빠르게 문을 열고 뛰어내렸고, 빛나도 점토판을 안은 채 그 뒤를 따랐어요.

'이번엔 좀 더 오래 떨어지는걸?' 하고 생각하는데, 얼마 지나지 않아

태우와 빛나는 황금빛 바닥에 사뿐히 내려앉았어요.

"모래다! 바람, 불, 얼음, 그다음은 사막이었군"

"태우야, 저기 저건 피라미드일까?"

빛나가 저 멀리 뾰족 솟은 언덕을 가리키며 말했어요.

"뭐, 피라미드인지 아닌지 알려면 직접 가 볼 수밖에 없지!"

태우가 목도리와 장갑, 양말을 차례대로 벗으며 앞으로 걸어갔어요.

얼마나 걸었을까? 그들은 웅장한 피라미드 앞에 도착했어요.

드디어 마지막 조각을 눈앞에 두고 태우와 빛나는 마음을 굳게 다졌어요.

어서 나머지 4조각을 찾아, 사라지는 숫자들을 막고 세상을 구하겠다고요!

수학 도둑 루팡은 피라미드 안에 마지막 점토판 조각과 함께 있어요.
수학 도둑 루팡이 있는 방으로 들어가기 위해서는 루팡이 낸 수학 문제를 풀어야 해요.
아래 9개의 벽돌을 4개의 선분으로 모두 이어 보세요.
단, 선분을 그릴 때는 연필이 종이에서 한 번이라도 떨어지면 안 돼요.

보이는 게 다가 아니야!

피라미드에 들어왔다는 기쁨도 잠시, 또 다른 수학 퍼즐이 그들의 앞을 가로막네요.

(1) 부적의 $\frac{2}{3}$ 만큼이 식탁 위에 있고,
나머지는 마법의 유리잔 안에 있습니다.
유리잔 속 부적은 몇 장인가요?

____

(2) 동전의 $\frac{3}{7}$ 만큼이 식탁 위에 있고,
나머지는 마법의 유리잔 안에 있습니다.
숨겨진 동전은 몇 개인가요?

____

(3) 딱정벌레의 $\frac{4}{11}$ 만큼이 식탁 위에 있고,
나머지는 마법의 유리잔 안에 있습니다.
유리잔 속 딱정벌레는 몇 마리일까요?

____

그러면 딱정벌레는 모두 몇 마리일까요?

____

파라오의 문제를 풀고, 미라 위에 답을 써넣으세요.
그러면 파라오의 저주가 풀릴 거예요.

(1) 피라미드 안의 미라들은 황금 관이나 대리석 관 중 하나에 보관
되어 있습니다. 황금 관은 총 6개이고, 전체 관의 $\frac{2}{3}$ 입니다.
그렇다면 이 피라미드 안에는 관이 모두 몇 개 있을까요?

A. 8개   B. 9개   C. 10개

(2) 왕실 작가가 피라미드에 이야기를 새겼습니다. 지금까지 120개의
상형 문자를 새겼고, 이는 새겨야 하는 모든 상형 문자의 $\frac{2}{9}$ 만큼입
니다. 새겨야 하는 전체 상형 문자는 몇 개인가요?

A. 60개   B. 240개   C. 540개

(3) 피라미드에 있는 보석은 루비, 에메랄드, 사파이어가 있습니다.
이 중 사파이어는 전체의 $\frac{4}{7}$ 이고 60개입니다. 전체 보석의 수는
몇 개인가요?

A. 90개   B. 105개   C. 120개

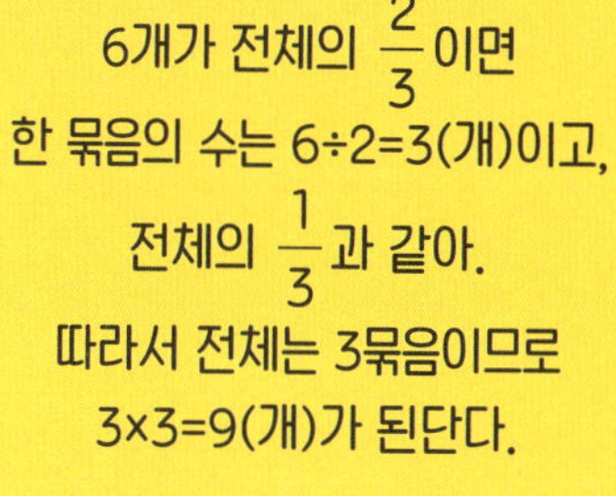

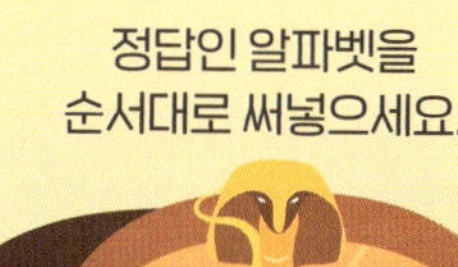

점토판의 9번째 조각을 잘 찾았어요. 하지만 조금
뒤면 자정을 알리는 종이 울릴 테니 서둘러요.
점토판을 오려 52쪽에 붙이세요.

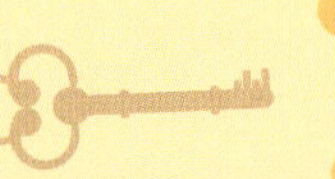

피라미드의 수학 문제

이제 곧 밤 12시예요! 다행히 태우와 빛나는 파라오의 방 안으로 들어갈 수 있게 되었어요.
파라오의 방 안에는 고대의 유물들이 가득 차 있고, 벽은 수학 문제로 뒤덮여 있어요.
방 안에 그려진 수학 문제를 모두 풀면, 점토판이 나타날 거예요. 서둘러요, 어서!

(1) 파라오에게는 3명의 아이가 있습니다. 파라오는 36살이고, 세 아이의 나이를 모두 더한 값은 파라오 나이의 $\frac{1}{6}$만큼을 2배 한 값과 같습니다. 둘째와 셋째는 쌍둥이로 나이가 같고, 첫째의 나이는 쌍둥이 나이의 2배입니다. 아이들의 나이를 구하세요.

____

____

____

개념 확인

cm²: 도형의 넓이를 나타내는 단위로 제곱센티미터라고 읽어요.

(2) 파라오는 삼각형으로 만든 무늬를 좋아합니다. 가로, 세로 2cm인 정사각형의 넓이가 4cm²일 때 물음에 답하세요.

(1) 무늬 전체 넓이는 몇 cm²일까요? _______________

(2) 주황색 삼각형의 넓이의 합은 몇 cm²일까요? _______________

(3) 파란색 삼각형의 넓이의 합은 몇 cm²일까요? _______________

(4) 노란색 삼각형의 넓이의 합은 몇 cm²일까요? _______________

(3) 100개의 보석을 4개의 보석 상자에 나누어 담았습니다. 첫 번째 보석 상자에 전체의 절반을 담고, 두 번째 보석 상자에는 남은 보석의 $\frac{3}{5}$ 만큼을 담았습니다. 세 번째 보석 상자에는 그 나머지의 $\frac{2}{5}$ 만큼을 담았습니다. 네 번째 보석함에는 보석을 몇 개 담았나요?

____

____

(4) 이 파피루스에는 파라오가 쓴 시가 적혀 있습니다. 파피루스의 수는 5장보다 많고 40장보다 적습니다. 파피루스를 5묶음으로 똑같이 나눌 수 있고, 4묶음으로 똑같이 나누면 1장이 남습니다. 파피루스는 모두 몇 장인가요?

____

____

(5) 고대 이집트에서 딱정벌레는 행운의 상징입니다. 벽에 그려진 위의 딱정벌레 그림 30개 중 20개는 황금색이고, 15개는 보석이 박혀 있습니다. 황금색이면서 보석이 박힌 딱정벌레는 최대 몇 개이고, 최소 몇 개일까요? (단, 황금색이 아니고 보석도 없는 딱정벌레가 있을 수도 있습니다.)

____

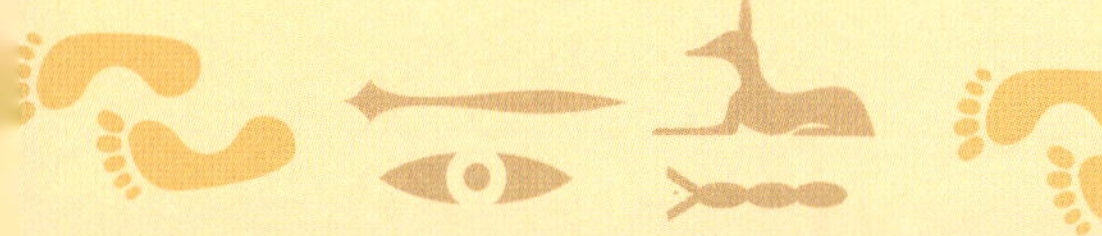

수학 도둑 루팡

피라미드를 오르기 시작한 태우와 빛나는 얼마 지나지 않아 수학 도둑 루팡을 발견했어요.
루팡은 점토판의 마지막 조각을 들고 피라미드의 꼭대기에서 태우와 빛나를 내려다보고 있어요.
루팡을 만나기 위해 마지막 문제를 풀어야 해요!

미라의 전설

미라 삼 형제의 나이를 더하면 624살입니다.
둘째와 셋째 미라의 나이는 같고, 첫째 미라의 나이는 둘째 나이의
두 배입니다. 미라 삼 형제의 나이는 각각 몇 살일까요?

____

____

악어의 수수께끼

내가 생각한 수를 맞혀 보세요.

(1) 내가 생각한 수에서 200을 빼고 40을 더한 값을 반으로 나누면 144입니다.

____

(2) 내가 생각한 수를 3으로 나눈 후에 2배를 하면 90입니다.

____

무덤의 주인

다음 단서를 읽고 무덤에 이름을 적어 주세요.

> **단서**　타메스의 무덤은 아메스 무덤의 오른쪽에 있고, 라메스 무덤의 왼쪽에 있다.
> 람세스의 무덤은 가운데이다.
> 나메스는 아메스 바로 옆에 잠들었다.
> 나메스의 무덤은 왼쪽에서 첫 번째가 아니다.
> 타메스는 람세스와 라메스 사이에 있다.

(왼쪽)　　　　　　　　　　　　　　　　　　　　　　　　　　　　　(오른쪽)

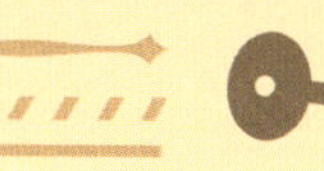

벽돌의 무게

이 피라미드는 벽돌로 지었습니다. 벽돌 1개는 벽돌 반 개보다 3kg 더 무겁지요.
벽돌 5개의 무게는 몇 kg일까요?

엉킨 붕대

길이가 63m인 붕대를 모두 감으면 피라미드 꼭대기에 올라갈 수 있습니다.
태우와 빛나가 1분에 6m의 붕대를 감으면, 바람이 다시 3m를 풀어 버립니다.
태우와 빛나가 피라미드 꼭대기에 올라가는 데 최소 몇 분이 걸릴까요?

수학 도둑 루팡

이제 밤 12시까지 고작 1분밖에 남지 않았습니다. 수학 도둑 루팡은 시간을 빨리 가게
할 수 있다네요. 루팡이 남은 시간의 $\frac{2}{6}$ 를 없애 버렸다면,
자정까지 몇 초가 남았을까요?

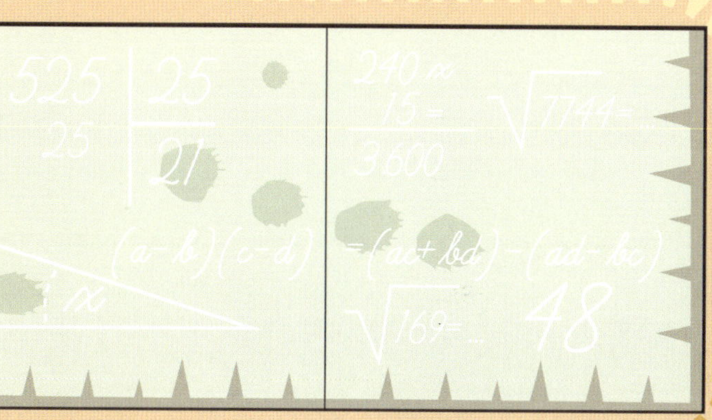

고대의 수학 점토판

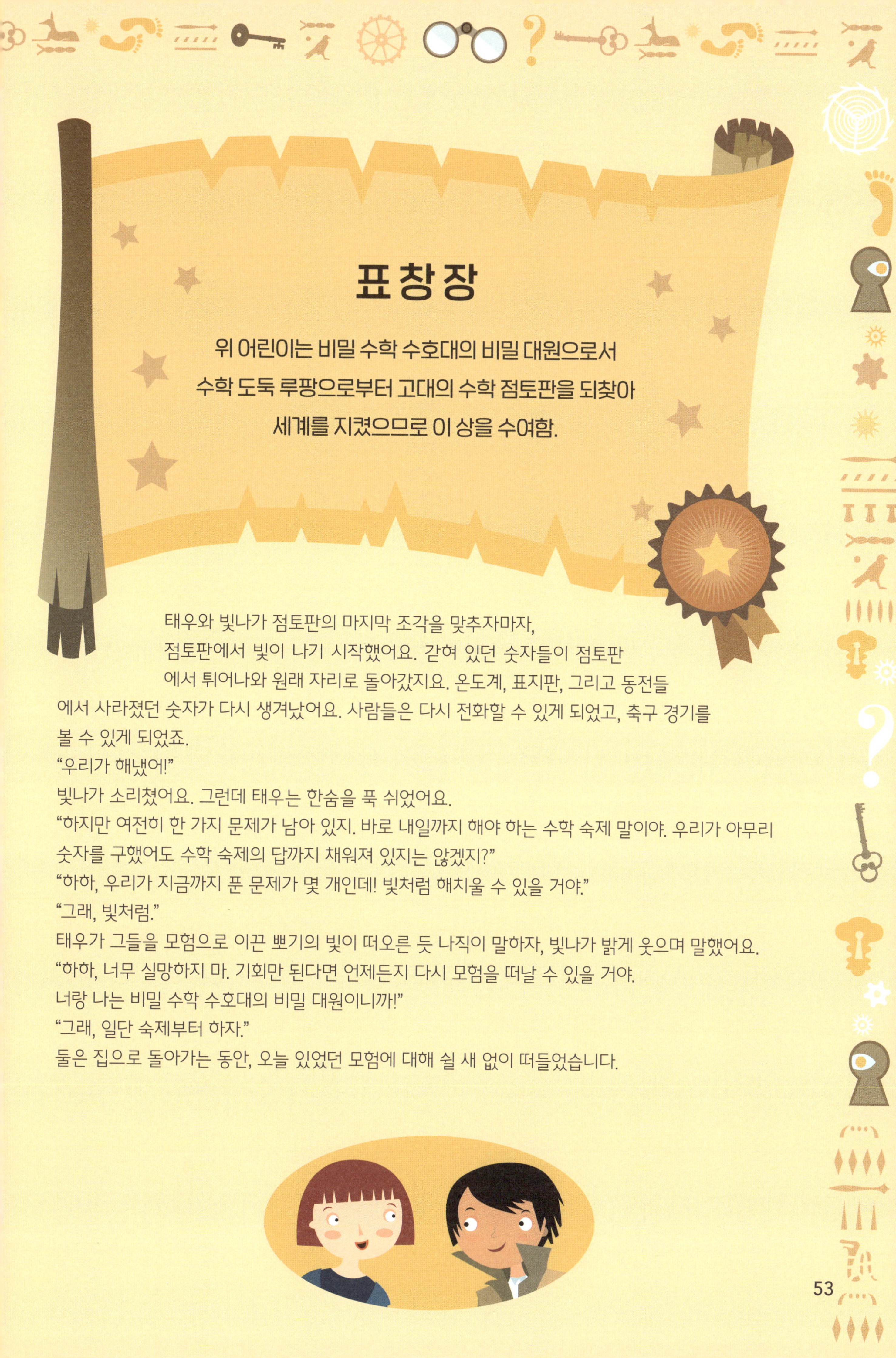

표창장

위 어린이는 비밀 수학 수호대의 비밀 대원으로서
수학 도둑 루팡으로부터 고대의 수학 점토판을 되찾아
세계를 지켰으므로 이 상을 수여함.

태우와 빛나가 점토판의 마지막 조각을 맞추자마자,
점토판에서 빛이 나기 시작했어요. 갇혀 있던 숫자들이 점토판
에서 튀어나와 원래 자리로 돌아갔지요. 온도계, 표지판, 그리고 동전들
에서 사라졌던 숫자가 다시 생겨났어요. 사람들은 다시 전화할 수 있게 되었고, 축구 경기를
볼 수 있게 되었죠.
"우리가 해냈어!"
빛나가 소리쳤어요. 그런데 태우는 한숨을 푹 쉬었어요.
"하지만 여전히 한 가지 문제가 남아 있지. 바로 내일까지 해야 하는 수학 숙제 말이야. 우리가 아무리
숫자를 구했어도 수학 숙제의 답까지 채워져 있지는 않겠지?"
"하하, 우리가 지금까지 푼 문제가 몇 개인데! 빛처럼 해치울 수 있을 거야."
"그래, 빛처럼."
태우가 그들을 모험으로 이끈 뽀기의 빛이 떠오른 듯 나직이 말하자, 빛나가 밝게 웃으며 말했어요.
"하하, 너무 실망하지 마. 기회만 된다면 언제든지 다시 모험을 떠날 수 있을 거야.
너랑 나는 비밀 수학 수호대의 비밀 대원이니까!"
"그래, 일단 숙제부터 하자."
둘은 집으로 돌아가는 동안, 오늘 있었던 모험에 대해 쉴 새 없이 떠들었습니다.

색칠한 부분을 분수로 나타내어 보세요.

1.
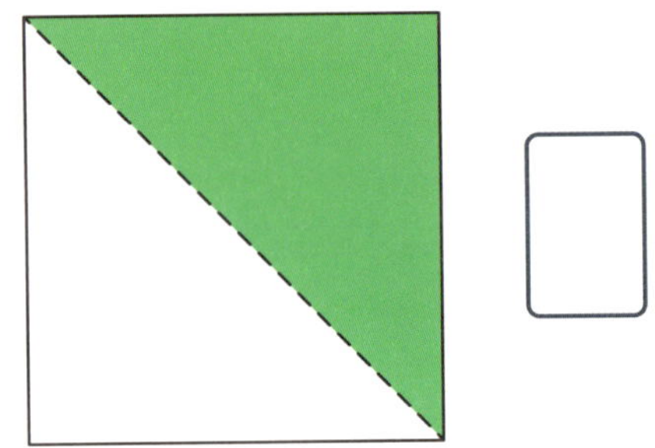

2.
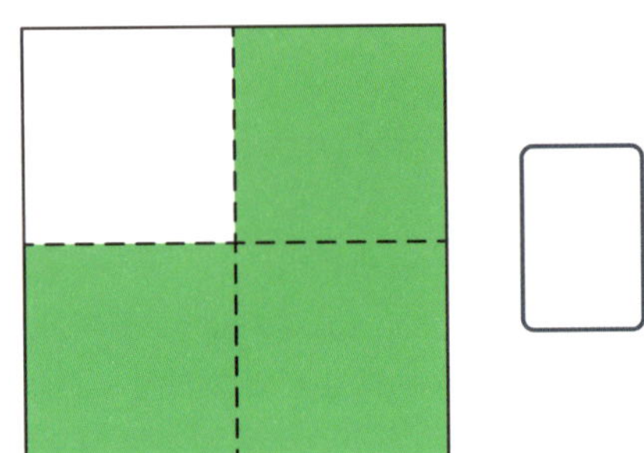

3.
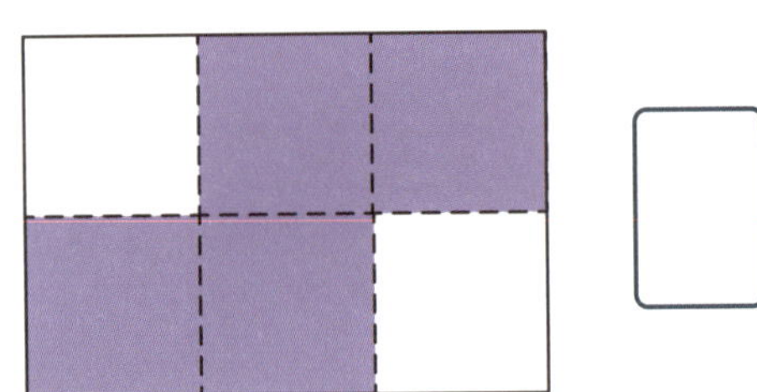

4.
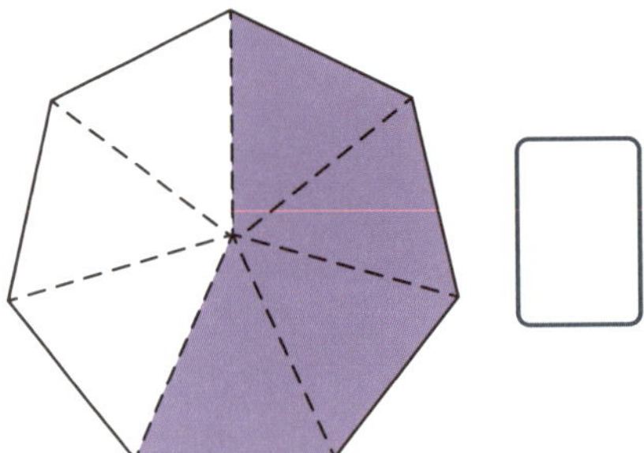

5.
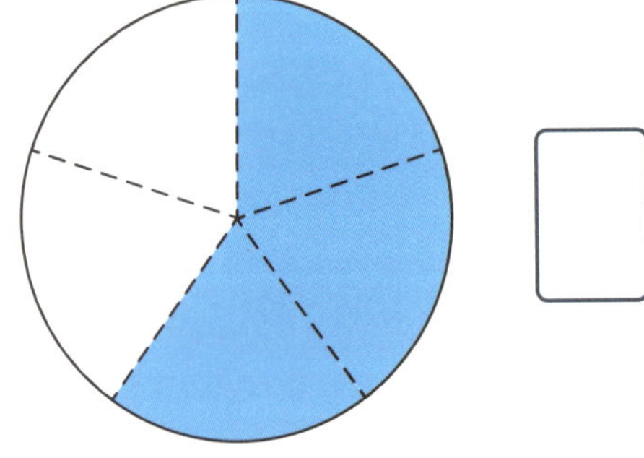

6.
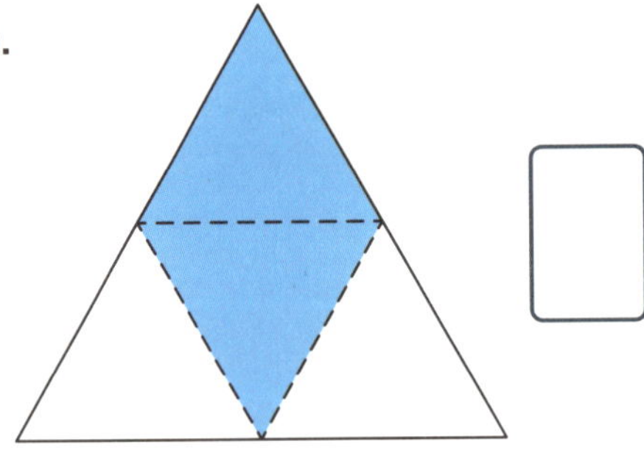

7.
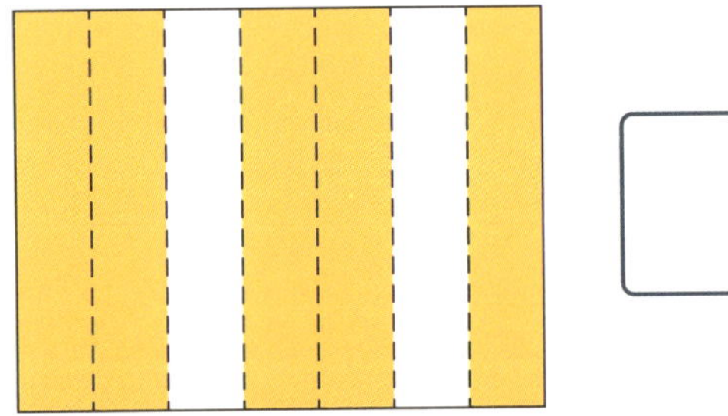

8.
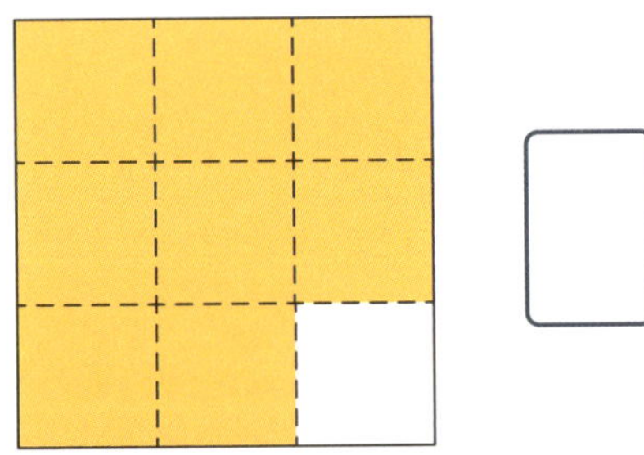

 분수만큼 색칠해 보세요.

9. $\dfrac{1}{3}$ 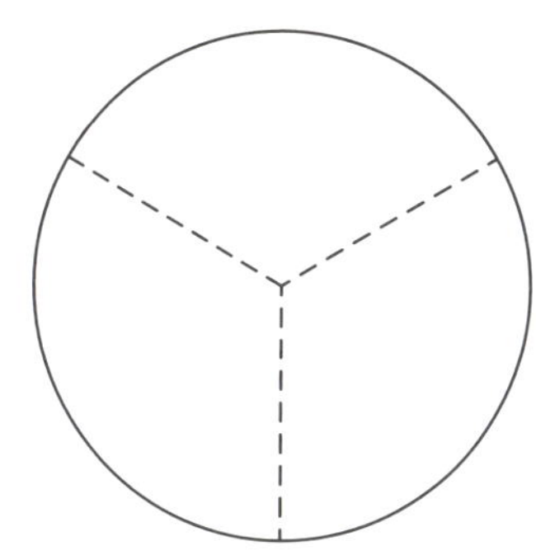

10. $\dfrac{2}{6}$ 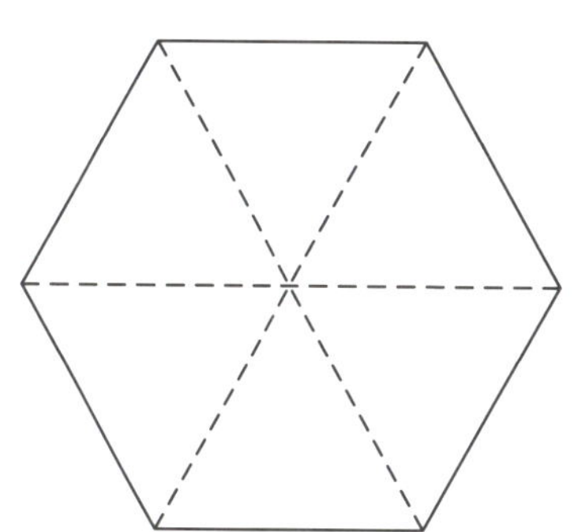

11. $\dfrac{2}{5}$ 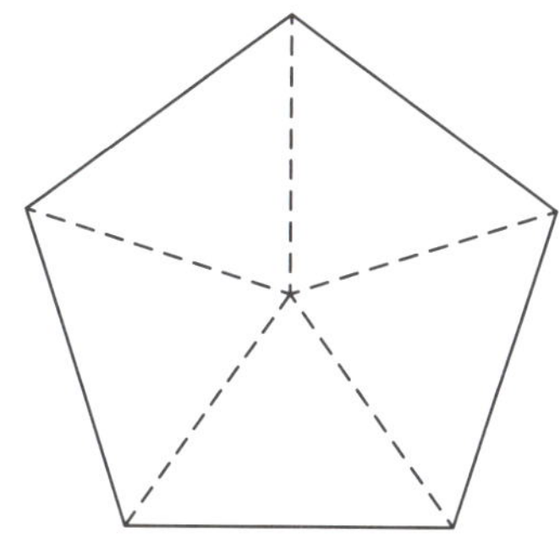

12. $\dfrac{3}{5}$ 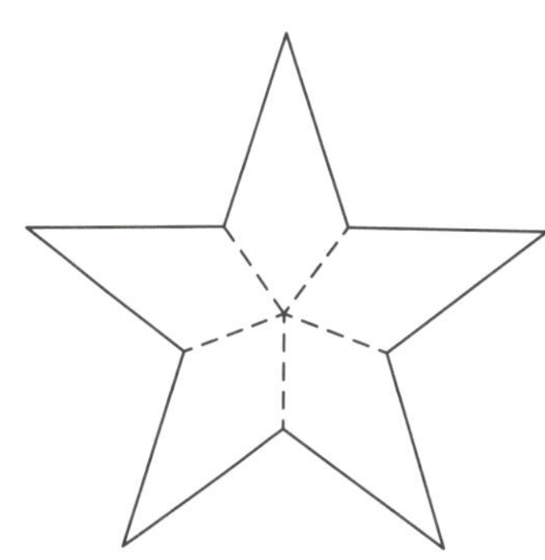

13. $\dfrac{1}{4}$ 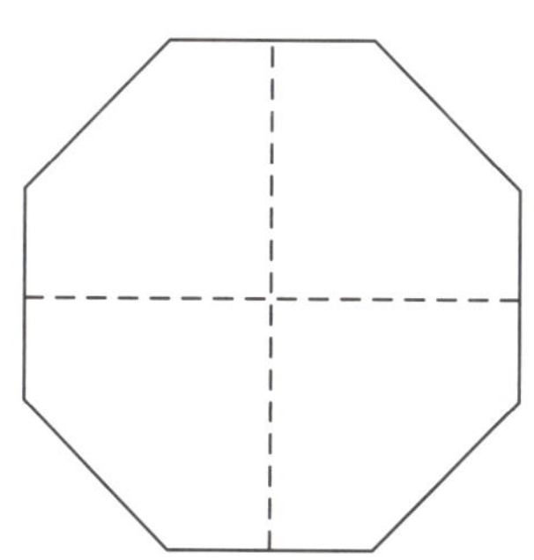

14. $\dfrac{5}{7}$ 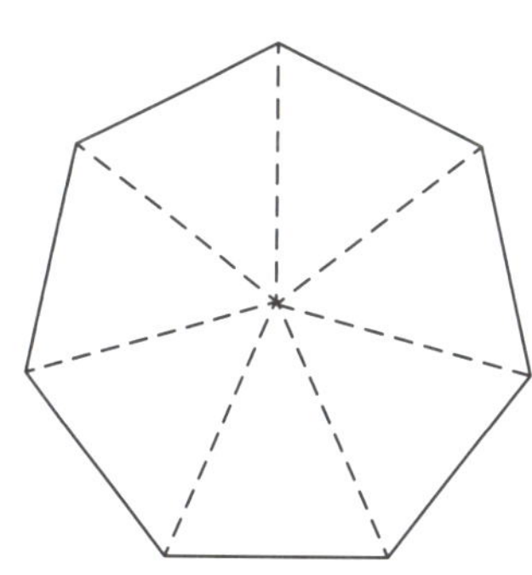

15. $\dfrac{4}{6}$ 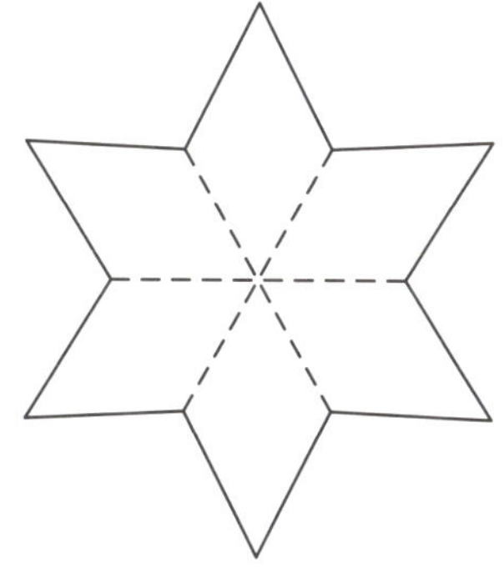

16. $\dfrac{5}{9}$ 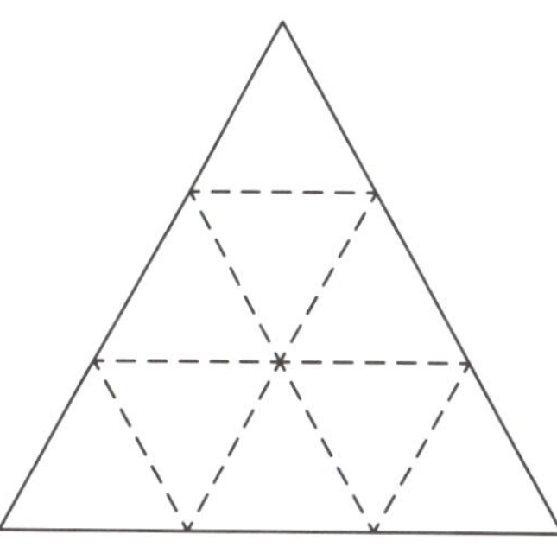

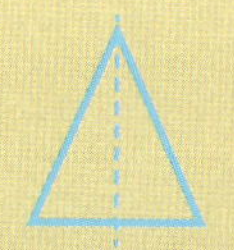 

주어진 분수만큼 색칠하고, ☐ 안에 색칠하지 <u>않은</u> 부분을 분수로 나타내어 보세요.

17. 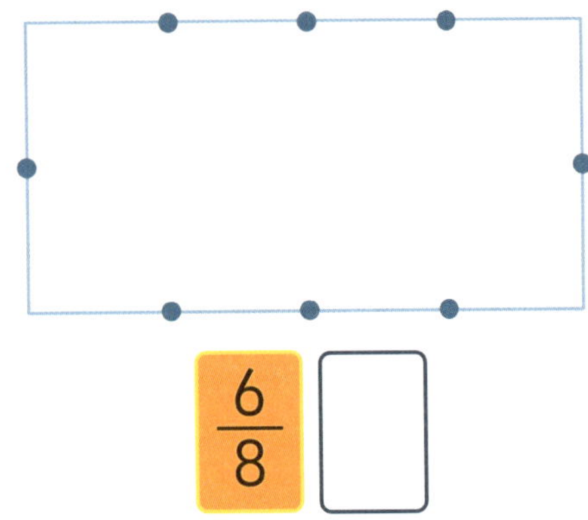

$\dfrac{6}{8}$ ☐

18. 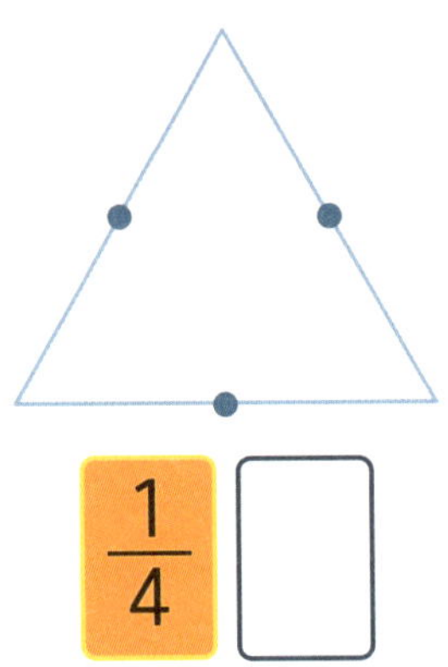

$\dfrac{1}{4}$ ☐

남은 양은 얼마인지 분수로 나타내어 보세요.

19. 빛나는 피자의 $\dfrac{1}{6}$ 을 먹었습니다.
남은 피자는 전체의 얼마인지 분수로 나타내어 보세요.

____

20. 태우는 도화지의 $\dfrac{3}{8}$ 만큼을 색칠했습니다. 색칠하지 않은 부분은
도화지 전체의 얼마인지 분수로 나타내어 보세요.

____

21. 빛나네 반 전체 학생의 $\dfrac{2}{5}$ 가 여학생일 때, 남학생은 전체 학생의
몇 분의 몇인가요?

____

22. 주어진 분수만큼 색칠하고 분수의 크기를 비교해 보세요.

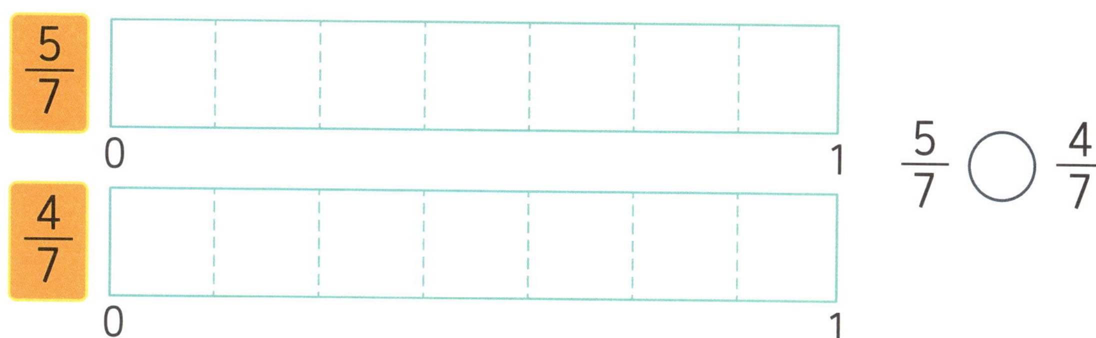

$\dfrac{5}{7} \bigcirc \dfrac{4}{7}$

 분모가 같은 분수의 크기를 비교하여 ◯ 안에 >, =, <를 알맞게 써넣으세요.

23. $\dfrac{2}{5} \bigcirc \dfrac{3}{5}$　　　24. $\dfrac{7}{8} \bigcirc \dfrac{4}{8}$　　　25. $\dfrac{8}{12} \bigcirc \dfrac{10}{12}$

26. 주어진 분수만큼 색칠하고 분수의 크기를 비교해 보세요.

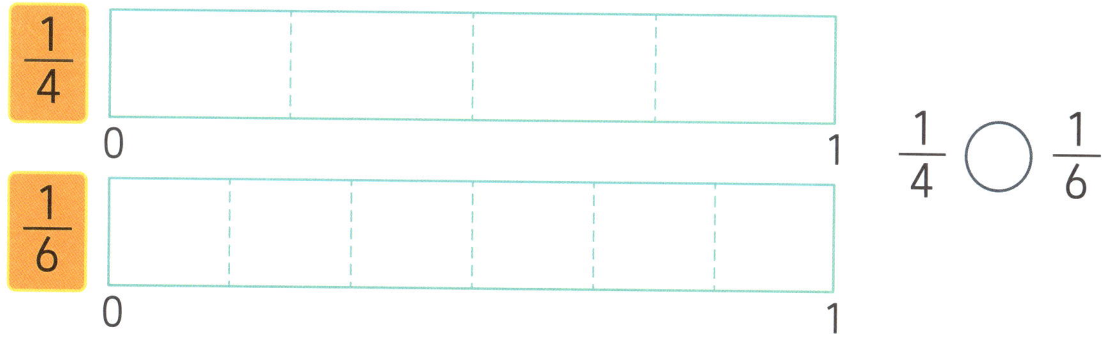

$\dfrac{1}{4} \bigcirc \dfrac{1}{6}$

 단위분수의 크기를 비교하여 ◯ 안에 >, =, <를 알맞게 써넣으세요.

27. $\dfrac{1}{3} \bigcirc \dfrac{1}{2}$　　　28. $\dfrac{1}{5} \bigcirc \dfrac{1}{4}$　　　29. $\dfrac{1}{9} \bigcirc \dfrac{1}{11}$

 전체에 대한 분수만큼은 얼마인지 알아보세요.

보기

바둑돌 6개를 3묶음으로
똑같이 나누면 1묶음은 2개입니다.

→ 6의 $\frac{1}{3}$ 은 2입니다.

30.

8의 $\frac{1}{4}$ 은 ☐ 입니다.

31.

8의 $\frac{2}{4}$ 는 ☐ 입니다.

32.

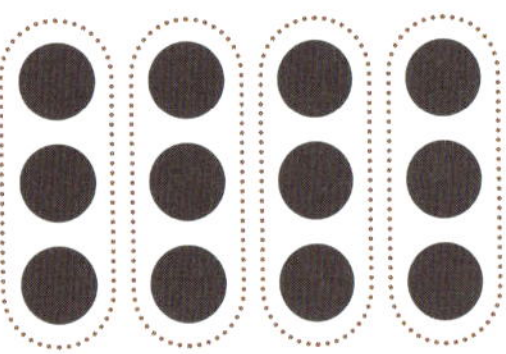

12의 $\frac{1}{4}$ 은 ☐ 입니다.

33.

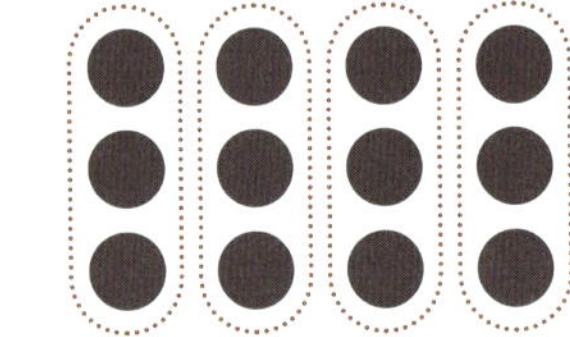

12의 $\frac{3}{4}$ 은 ☐ 입니다.

34.

15의 $\frac{1}{5}$ 은 ☐ 입니다.

35.

15의 $\frac{4}{5}$ 는 ☐ 입니다.

36.

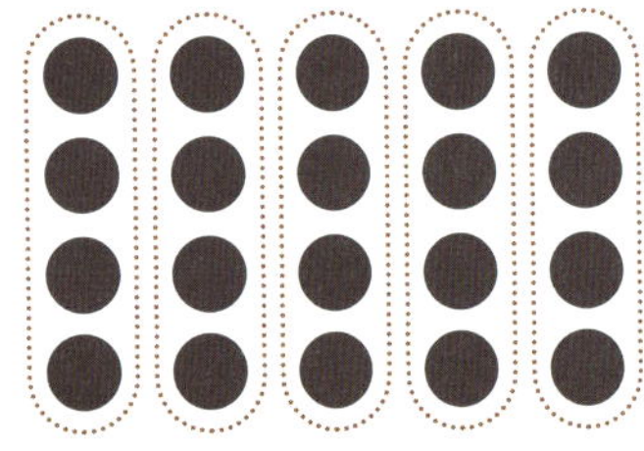

20의 $\frac{1}{5}$ 은 ☐ 입니다.

37.

20의 $\frac{3}{5}$ 은 ☐ 입니다.

 그림을 보고 ☐ 안에 알맞은 수를 써넣으세요.

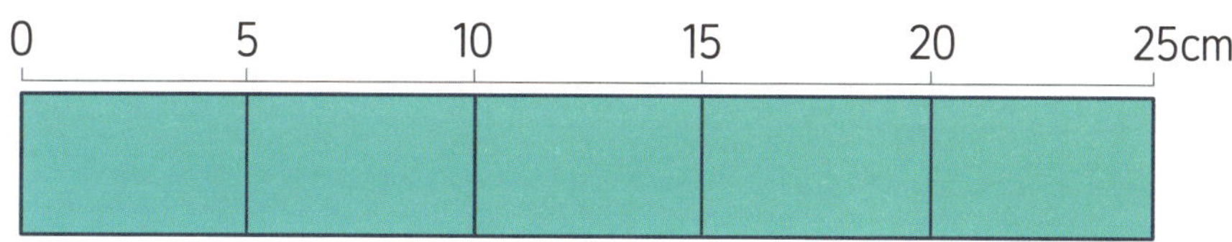

38. 25cm의 $\frac{1}{5}$ 은 ☐ cm입니다.

39. 25cm의 $\frac{3}{5}$ 은 ☐ cm입니다.

 그림을 보고 ☐ 안에 알맞은 수를 써넣으세요.

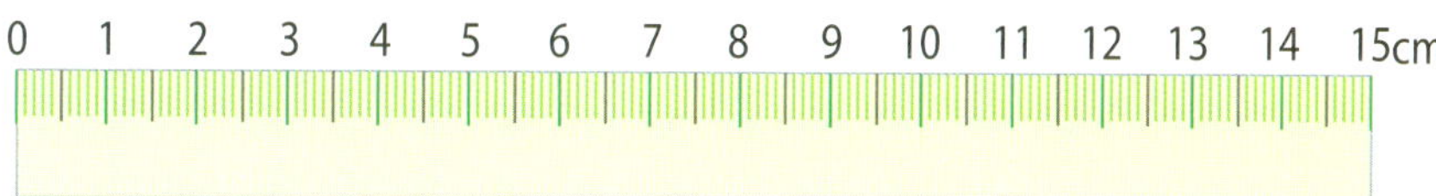

40. 15cm의 $\frac{1}{3}$ 은 ☐ cm입니다.

41. 15cm의 $\frac{2}{3}$ 는 ☐ cm입니다.

42. 15cm의 $\frac{3}{5}$ 은 ☐ cm입니다.

43. 15cm의 $\frac{4}{5}$ 는 ☐ cm입니다.

44. 자동차가 멀리 이동한 순서대로 기호를 써 보세요.

10km의 $\frac{1}{2}$ · 10km의 $\frac{2}{5}$ · 10km의 $\frac{6}{10}$

㉠ · ㉡ · ㉢

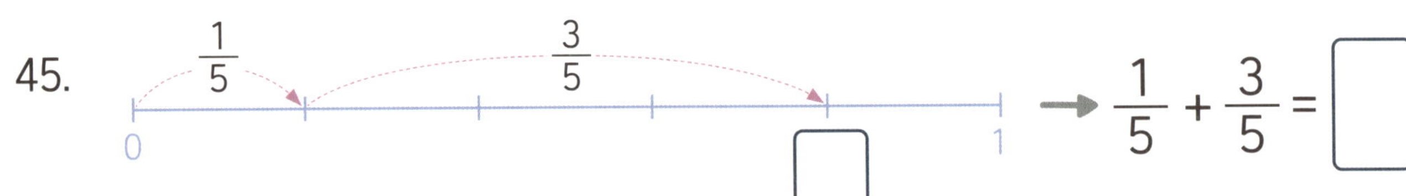

수직선의 빈칸에 수를 쓰고 덧셈을 해 보세요.

45. $\dfrac{1}{5} + \dfrac{3}{5} =$ ☐

46. $\dfrac{1}{6} + \dfrac{4}{6} =$ ☐

47. $\dfrac{2}{9} + \dfrac{5}{9} =$ ☐

분수만큼 색칠하고 크기가 같은 분수 2개를 찾아 써 보세요.

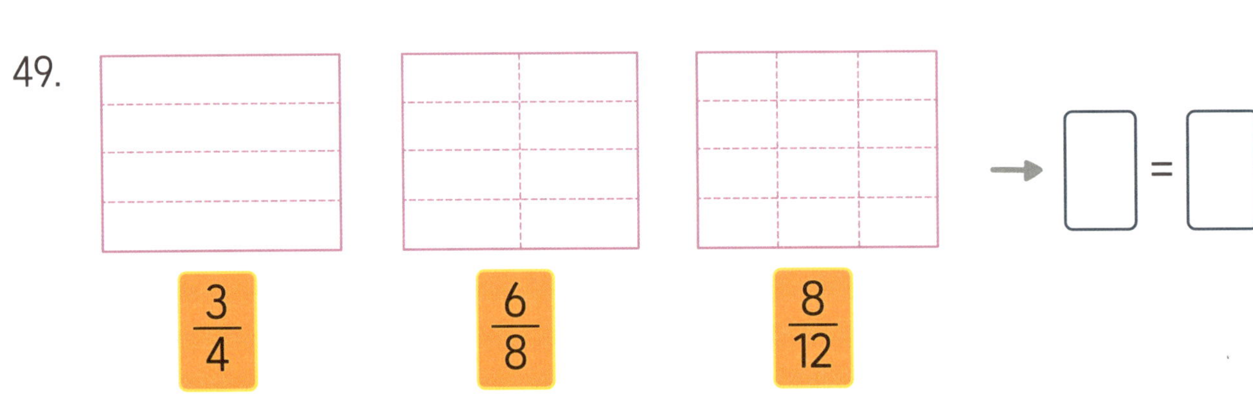

48. $\dfrac{6}{12}$ $\dfrac{4}{6}$ $\dfrac{2}{3}$ → ☐ = ☐

49. → ☐ = ☐

$\dfrac{3}{4}$ $\dfrac{6}{8}$ $\dfrac{8}{12}$

 보기와 같이 크기가 같은 분수를 만들어 보세요.

보기

$$\frac{1}{2} = \frac{2}{4} = \frac{6}{12}$$

분모와 분자에 각각 0이 아닌 같은 수를 곱하거나 분모와 분자를 각각 0이 아닌 같은 수로 나눕니다.

50. $\dfrac{3}{4} = \dfrac{6}{8} = \dfrac{\Box}{12} = \dfrac{\Box}{16}$

51. $\dfrac{10}{20} = \dfrac{5}{10} = \dfrac{\Box}{4} = \dfrac{\Box}{2}$

52. $\dfrac{5}{6} = \dfrac{\Box}{12} = \dfrac{15}{\Box} = \dfrac{\Box}{24}$

53. $\dfrac{30}{36} = \dfrac{15}{\Box} = \dfrac{\Box}{12} = \dfrac{5}{\Box}$

54. $\dfrac{2}{9} = \dfrac{4}{\Box} = \dfrac{\Box}{27} = \dfrac{8}{\Box}$

55. $\dfrac{36}{54} = \dfrac{18}{\Box} = \dfrac{\Box}{18} = \dfrac{\Box}{9}$

 합이 1이 되도록 분수를 써넣으세요.

56. $\dfrac{1}{4} + \Box + \dfrac{2}{4} = 1$

57. $\dfrac{1}{5} + \dfrac{2}{5} + \Box = 1$

58. $\dfrac{1}{7} + \dfrac{2}{7} + \Box = 1$

59. $\dfrac{1}{8} + \dfrac{2}{8} + \Box = 1$

60. $\dfrac{2}{9} + \dfrac{2}{9} + \Box = 1$

61. $\dfrac{2}{11} + \Box + \dfrac{6}{11} = 1$

정답

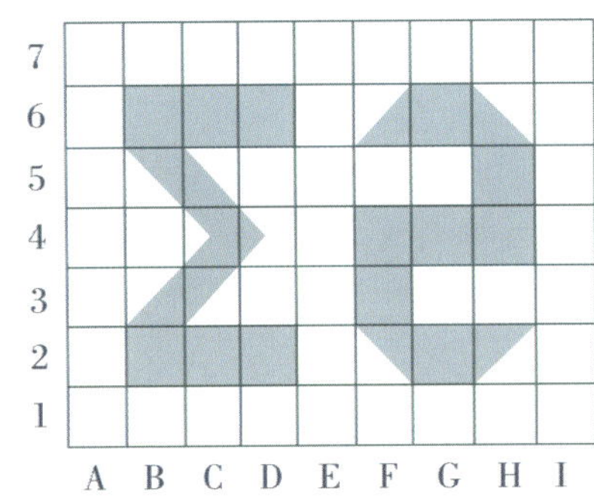

빛나: 44, 32, 36, 4, 20
태우: 28, 16, 8, 40

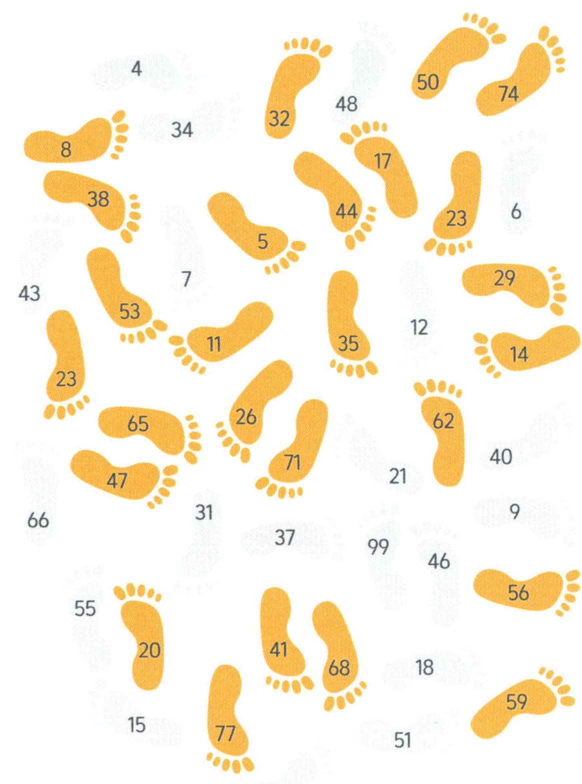

(1) 거짓 (2+4=6과 같이 두 짝수를 더하면 짝수가 됩니다.)
(2) 참 (48의 반은 24이고, 12의 2배는 24로 서로 같습니다.)
(3) 참 (가장 작은 세 자리 수는 100이고, 가장 큰 두 자리 수는 99이므로 차는 1입니다.)
(4) 거짓 (3×11=33, 12×2=24이므로 3×11은 12×2보다 큽니다.)
(5) 거짓 (8을 2배 하고 2로 나누면 처음 수인 8이 됩니다.)
(6) 거짓 (2의 배수는 2, 4, 6, 8 …로 항상 짝수입니다.)
(7) 참 (72÷3=24, 72÷4=18, 72÷6=12로 72는 3, 4, 6으로 나누어떨어집니다.)
(8) 거짓 (3의 배수도 되고, 2의 배수도 되는 수는 6, 12, 18 … 등이 있습니다.)
(9) 참 (3+5=8과 같이 두 홀수의 합은 항상 짝수입니다.)
(10) 참 (4의 배수인 4, 8, 12, 16, 20 …은 2의 배수입니다.)
(11) 참 (7을 3배 한 수 7×3=21을 다시 2배 하면 21×2=42입니다.)

㉠

, 동쪽

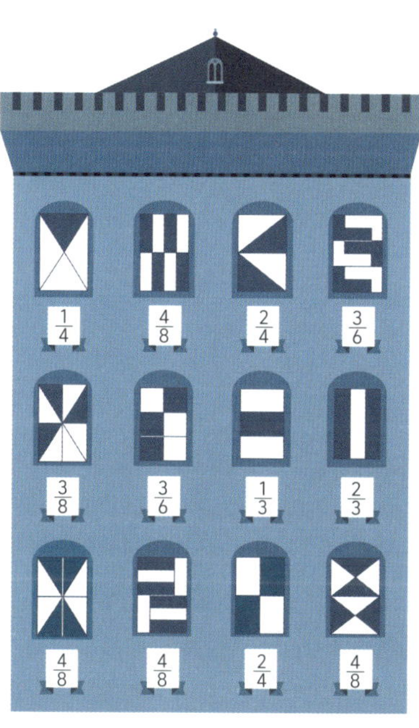

$\dfrac{4}{8} = \dfrac{2}{4} = \dfrac{3}{6} = \dfrac{1}{2}$ 로 나타내도 됩니다.

㉠

 2조각
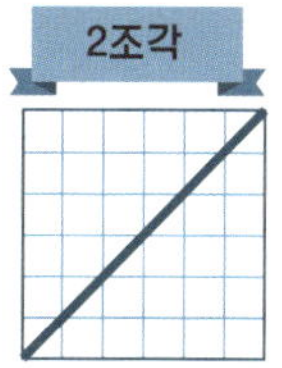 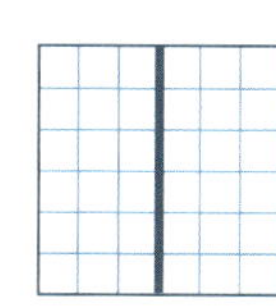

3조각
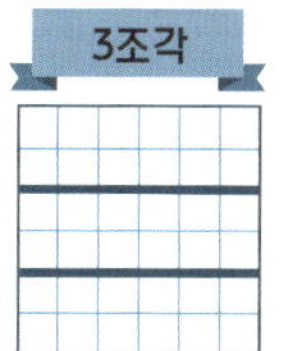 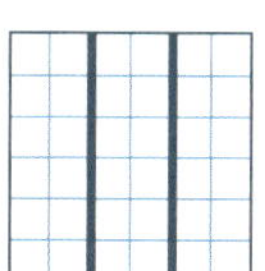

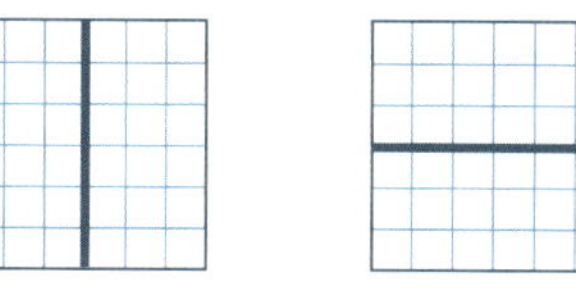 4조각
 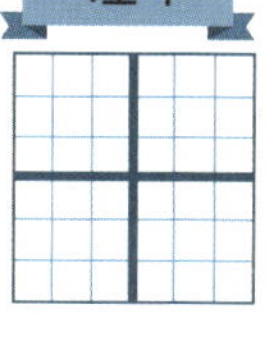 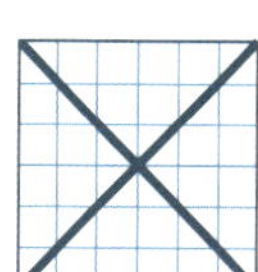 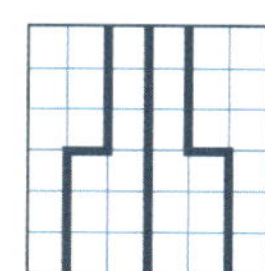

 6조각
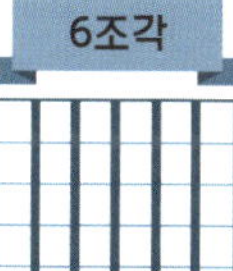 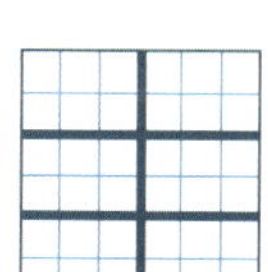 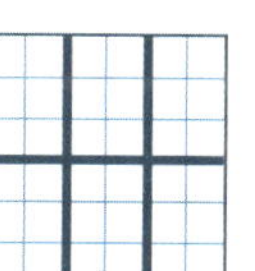

 8조각
 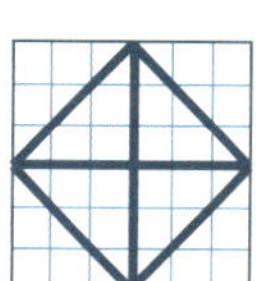 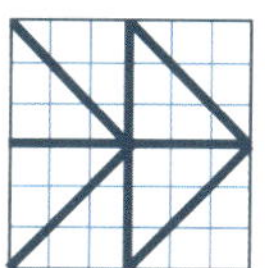

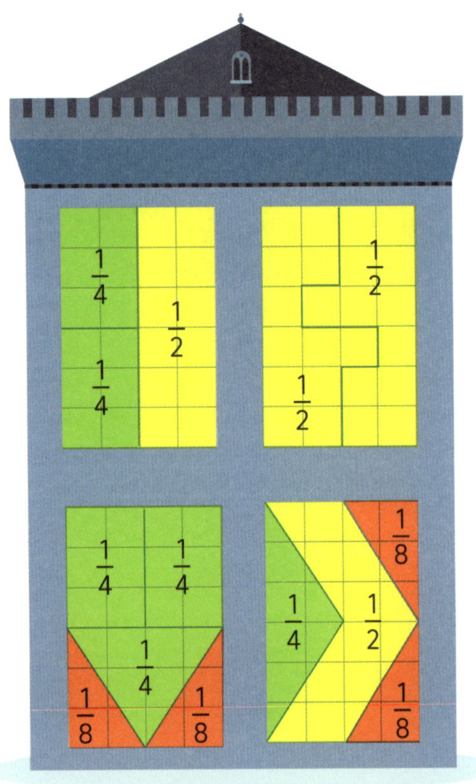

(1)

| $\dfrac{1}{5}$ | $\dfrac{1}{8}$ | $\dfrac{1}{2}$ | $\dfrac{1}{3}$ | | $\dfrac{1}{6}$ | $\dfrac{4}{6}$ | $\dfrac{3}{6}$ | $\dfrac{5}{6}$ |

| $\dfrac{2}{8}$ | $\dfrac{1}{5}$ | $\dfrac{3}{7}$ | $\dfrac{3}{6}$ |

(4)

$\dfrac{2}{4}$	$\dfrac{1}{2}$	$\dfrac{3}{6}$	$\dfrac{2}{5}$
$\dfrac{2}{6}$	$\dfrac{7}{8}$	$\dfrac{3}{9}$	$\dfrac{1}{3}$
$\dfrac{6}{6}$	$\dfrac{9}{10}$	$\dfrac{9}{9}$	1

(2)

$$\dfrac{1}{4} > \dfrac{1}{6} \qquad \dfrac{5}{6} > \dfrac{4}{5}$$

$$\dfrac{4}{7} > \dfrac{1}{3} \qquad \dfrac{1}{1} > \dfrac{9}{10}$$

$$\dfrac{4}{8} = \dfrac{1}{2} \qquad \dfrac{2}{6} = \dfrac{1}{3}$$

(5)

$$\dfrac{5}{10} + \dfrac{\boxed{5}}{10} = 1 \qquad \dfrac{4}{7} + \dfrac{\boxed{3}}{7} = 1$$

$$\dfrac{1}{2} + \dfrac{\boxed{2}}{4} = 1 \qquad \dfrac{\boxed{2}}{3} + \dfrac{1}{3} = 1$$

(3)

$$\dfrac{1}{9} \to \dfrac{2}{10} \to \dfrac{1}{3} \to \dfrac{3}{7} \to \dfrac{2}{4} \to \dfrac{6}{8} \to \dfrac{6}{7}$$

(6)

$$\dfrac{1}{2} + \dfrac{1}{2} = 1 \qquad \dfrac{1}{3} + \dfrac{1}{3} = \dfrac{2}{3}$$

$$\dfrac{1}{2} + \dfrac{1}{4} = \dfrac{3}{4} \qquad \dfrac{2}{3} + \dfrac{1}{6} = \dfrac{5}{6}$$

$$\dfrac{4}{8} + \dfrac{1}{2} = 1 \qquad \dfrac{3}{6} + \dfrac{1}{4} + \dfrac{2}{8} = 1$$

예

예

29쪽

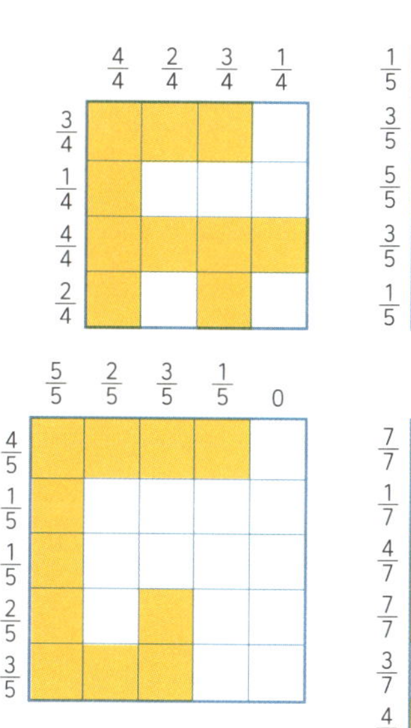

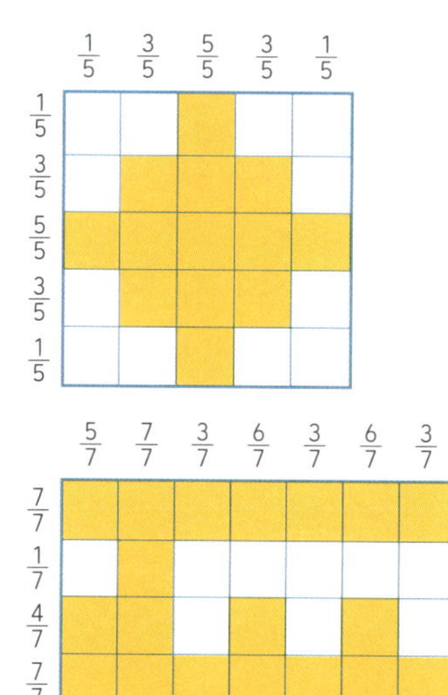

31쪽

32~33쪽

(1)

이 음료수를 다시 똑같이 셋으로 나누면
$\frac{1}{2}$ 씩 담아야 합니다.

(2) 오른쪽 발: 9개, 왼쪽 발: 16개

(3) $\frac{1}{8}$ 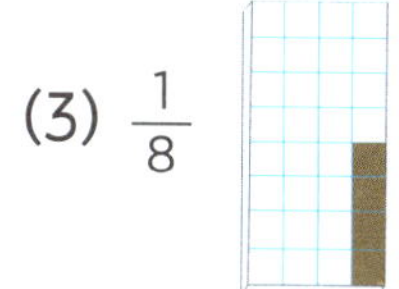

(4) 7개

(5)

 $= 1$  $= \frac{1}{4}$

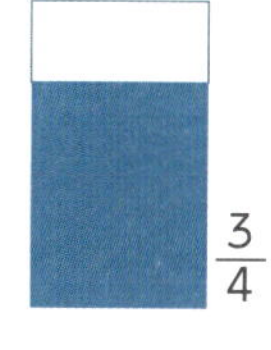 $= \frac{1}{2}$ $= \frac{1}{8}$

34~35쪽

(1) 

$\frac{2}{6}$

(2) 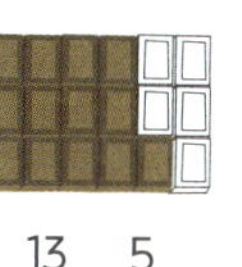

$\frac{13}{18}$, $\frac{5}{18}$

(3) 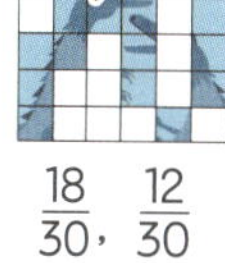

$\frac{18}{30}$, $\frac{12}{30}$

(4) 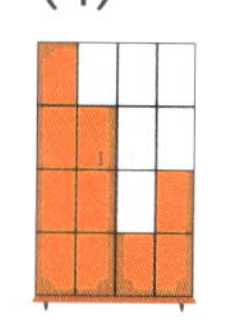

$\frac{10}{16}$, $\frac{6}{16}$

(5)

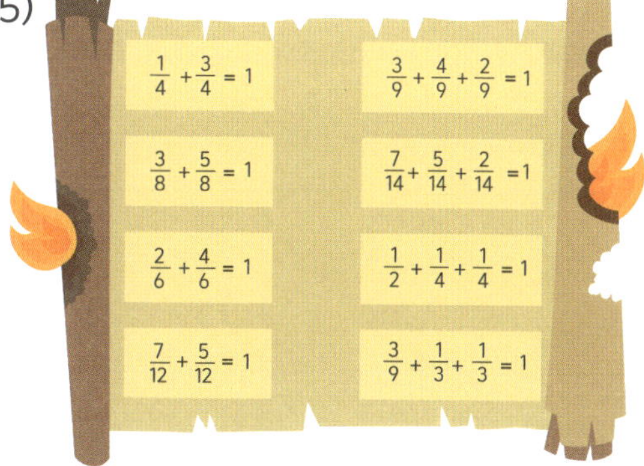

$\frac{1}{4} + \frac{3}{4} = 1$ $\frac{3}{9} + \frac{4}{9} + \frac{2}{9} = 1$

$\frac{3}{8} + \frac{5}{8} = 1$ $\frac{7}{14} + \frac{5}{14} + \frac{2}{14} = 1$

$\frac{2}{6} + \frac{4}{6} = 1$ $\frac{1}{2} + \frac{1}{4} + \frac{1}{4} = 1$

$\frac{7}{12} + \frac{5}{12} = 1$ $\frac{3}{9} + \frac{1}{3} + \frac{1}{3} = 1$

(6)

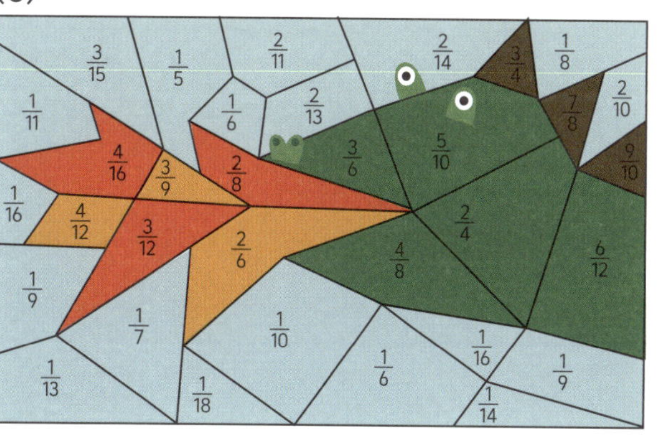

37쪽

단 하나의 문만 얼음 성으로 통하므로
옳은 말을 하는 펭귄은 한 마리입니다.
따라서 첫 번째, 세 번째 펭귄은 거짓말쟁이
입니다.
두 번째 문으로 들어가야 합니다.

38쪽

(1) 8의 $\frac{1}{4}$ → 8÷4×1 = 2(개)

(2) 16의 $\frac{3}{8}$ → 16÷8×3 = 6(개)

(3) 15의 $\frac{2}{5}$ → 15÷5×2 = 6(개)

39쪽

(1) 25개

(2) 25의 $\frac{1}{5}$ 은 25÷5×1=5(개)

(3) 20의 $\frac{3}{10}$ 은 20÷10×3=6(개)

(4) 14의 $\frac{4}{7}$ 는 14÷7×4=8(개)

(5) 5+6+8=19(개)이므로 25-19=6(개)

40쪽

(1) (15 × 2) + 7 = 37

(2) (48 ÷ 6) × 4 − 5 = 27

(3) (16 ÷ 8) × 5 + (36 ÷ 9) × 7 = 38

(4) (25 ÷ 5) × 4 = 20

(6) (56 ÷ 2) × 1 × 4 = 112

→ | 20 | 27 | 37 | 38 | 112 |

41쪽

(1) 63의 $\frac{5}{7}$: 63÷7×5=45(마리)

(2) 56의 $\frac{5}{8}$: 56÷8×5=35(개)

　　→ 56−35=21(개)

(3) 54의 $\frac{1}{9}$: 54÷9=6(개)

　　→ 54−6×7=12(개)

(4) 20의 $\frac{3}{4}$: 20÷4×3=15(분)

→ | 45 | 21 | 12 | 15 |

42~43쪽

(1) 루비: 40×$\frac{3}{5}$ =40÷5×3=24(개)

　　사파이어: 40−24=16(개)

(2) 펭귄: 36×$\frac{1}{2}$ =36÷2=18(마리)

　　바다코끼리: 18−4=14(마리)

　　바다표범: 36−18−14=4(마리)

(3) 40×$\frac{1}{8}$ =40÷8=5(개)

　　→ 40−5=35(개)

　　눈꽃 다이아몬드 1개를 합하면 내가 가진 보석은

　　35+1=36(개)

(4) 빙하에 관한 책: 125×$\frac{2}{5}$ =125÷5×2=50(권)

　　눈보라에 관한 책: (125−50)×$\frac{2}{3}$ =75×$\frac{2}{3}$ =50(권)

　　이글루에 관한 책: 125−50−50=25(권)

45쪽

(예)

46쪽

(1) 2장

(2) 16개

(3) 14마리, 전체 딱정벌레: 22마리

47쪽

(1) 9개　(2) 540개　(3) 105개

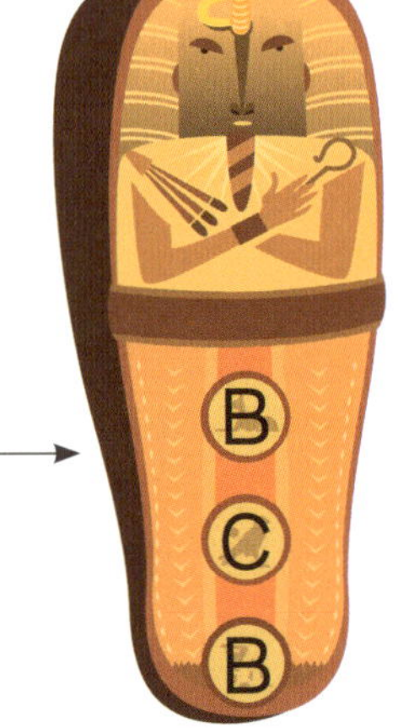

(1) 36의 $\frac{1}{6}$ 만큼을 2배한 값: 36÷6×2=12
쌍둥이의 나이를 □라고 하면
첫째의 나이는 □×2이므로
□×2+□+□=12입니다.
→ □×4=12, □=3
쌍둥이는 각각 3살, 첫째는 6살입니다.

(3) 첫 번째 보석함: 100÷2=50(개)
두 번째 보석함: 50×$\frac{3}{5}$=30(개)
세 번째 보석함: 100-50-30=20(개)
→ 20×$\frac{2}{5}$=8(개)
네 번째 보석함: 20-8=12(개)

(4) 5장보다 많고 40장보다 적은 수 중에서 5묶음으로 똑같이 나눌 수 있는 수는 10, 15, 20, 25, 30, 35입니다.
이 중 4묶음으로 똑같이 나눌 때 1장이 남는 수는 25입니다. 파피루스는 25장입니다.

(2) 그림에서 삼각형 4개가 모이면 정사각형 한 개가 되므로 삼각형 한 개의 넓이는 정사각형 한 개의 넓이의 $\frac{1}{4}$ 입니다. 즉 4×$\frac{1}{4}$=1(cm²)입니다.
  (1) 무늬 전체는 정사각형 9개의 넓이와 같으므로 4×9=36(cm²)입니다.
  (2) 주황색 삼각형은 10개이므로 넓이의 합은 10cm²입니다.
  (3) 파란색 삼각형은 5개이므로 넓이의 합은 5cm²입니다.
  (4) 노란색 삼각형은 11개이므로 넓이의 합은 11cm²입니다.

(5) ·벽에 그려진 딱정벌레 그림 수: 30개
  ·황금과 보석이 모두 있는 그림의 최대 개수:
  황금으로 칠해져 있는 20개 중 15개가 모두 보석이 박힌 경우 → 15개
  ·황금과 보석이 모두 있는 그림의 최소 개수:
  황금으로 칠해져 있지 않은 10개와 황금으로 칠해져 있는 5개에 보석이 박혀 있는 경우 → 5개
  따라서 황금과 보석이 모두 있는 그림은 최대 15개, 최소 5개입니다.

미라의 전설
둘째와 셋째 나이를 □라고 하면
□+□+□×2=624, □×4=624, □=156,
따라서 세 형제의 나이는 156살, 156살, 312살입니다.

악어의 수수께끼
거꾸로 생각하면
(1) 144×2-40+200=448
(2) 90÷2=45, 45×3=135

무덤의 주인
아메스, 나메스, 람세스, 타메스, 라메스

벽돌의 무게
벽돌 한 개는 3+3=6(kg), 벽돌 5개는 6×5=30(kg)

엉킨 붕대
1분에 6-3=3(m)씩 감을 수 있으므로
19분 동안 3×19=57(m)를 감았고,
1분 후에 57+6=63(m)를 감으므로
그 순간 피라미드 꼭대기에 올라갑니다.
따라서 최소 19+1=20(분)이 걸립니다.

수학 도둑 루팡
1분=60초
60초의 $\frac{2}{6}$ 는 20초이므로 60-20=40(초) 남았습니다.

54쪽

1. $\dfrac{1}{2}$ 2. $\dfrac{3}{4}$ 3. $\dfrac{4}{6}(=\dfrac{2}{3})$ 4. $\dfrac{4}{7}$

5. $\dfrac{3}{5}$ 6. $\dfrac{2}{4}(=\dfrac{1}{2})$ 7. $\dfrac{5}{7}$ 8. $\dfrac{8}{9}$

55쪽

9. 예 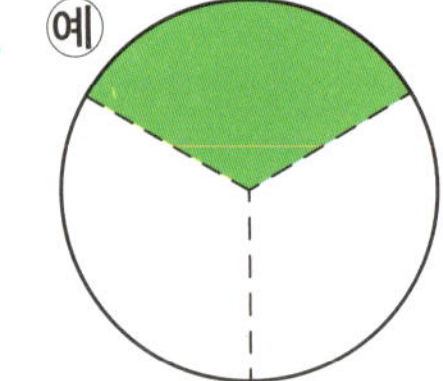 10. 예 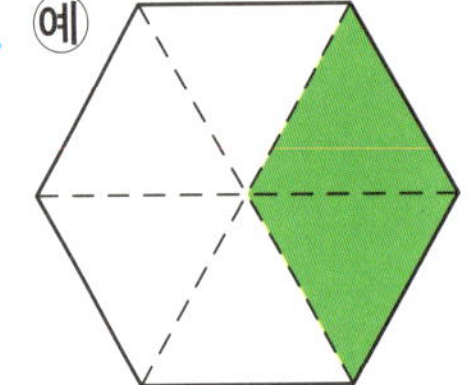 11. 예 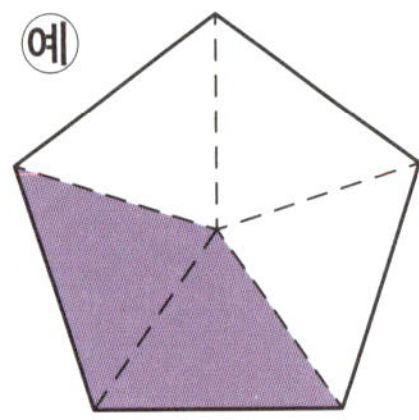 12. 예 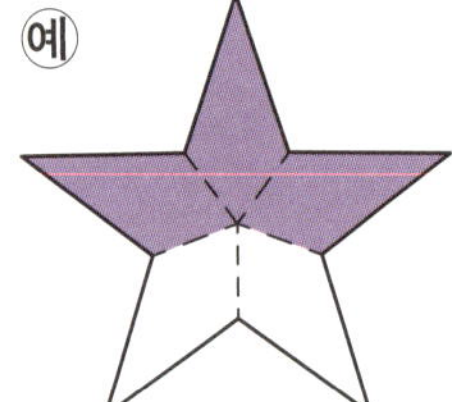

13. 예 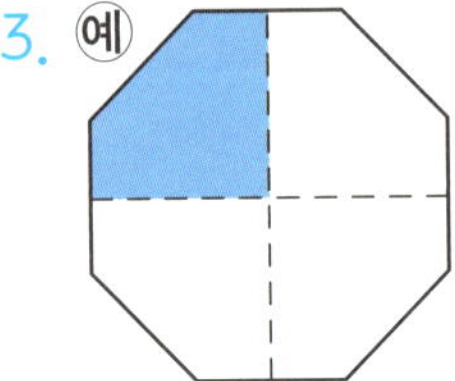 14. 예 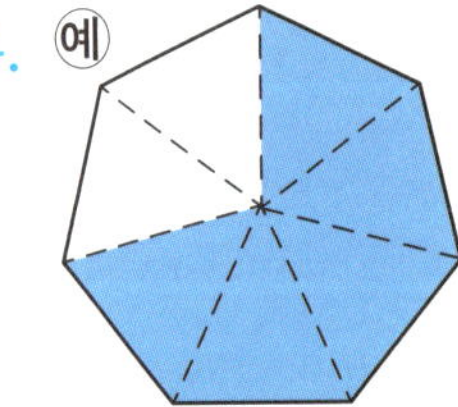 15. 예 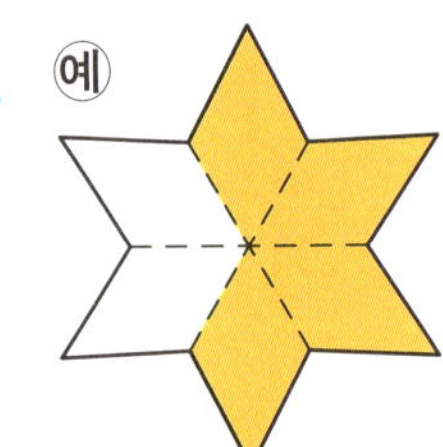 16. 예 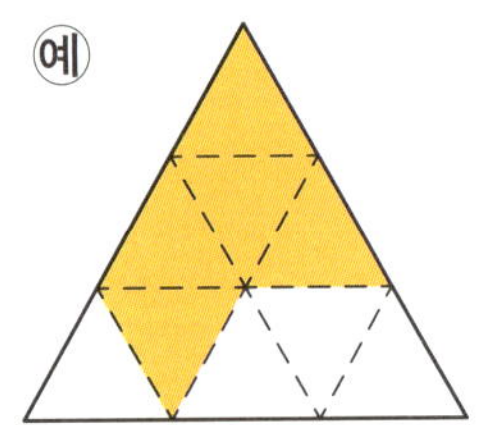

56쪽

17. 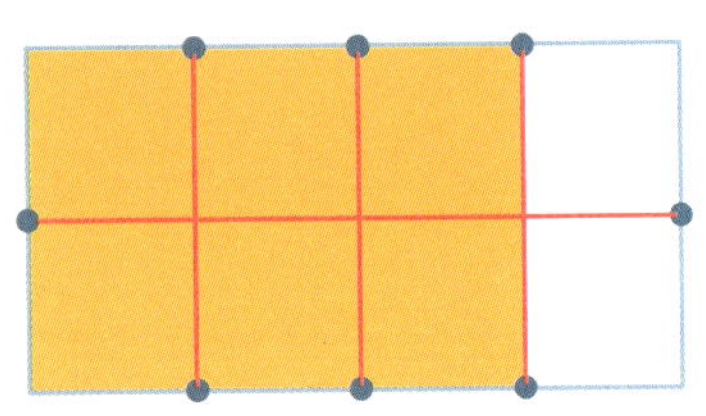 $\dfrac{2}{8}(=\dfrac{1}{4})$ 18. 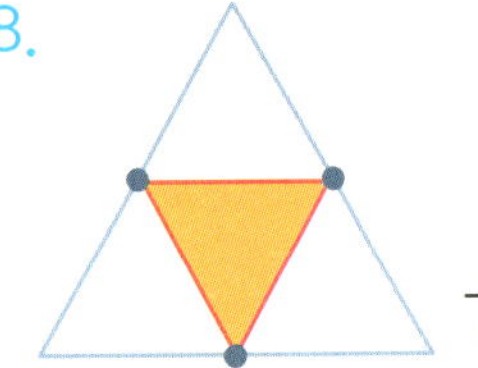 $\dfrac{3}{4}$

19. $\dfrac{5}{6}$ 20. $\dfrac{5}{8}$ 21. $\dfrac{3}{5}$

22.  , >　　　23. <　　　24. >　　　25. <

26. 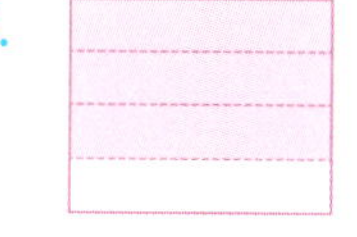 , >　　　27. <　　　28. <　　　29. >

58쪽

30. 2　　　31. 4　　　32. 3　　　33. 9　　　34. 3

35. 12　　　36. 4　　　37. 12

59쪽

38. 5　　　39. 15　　　40. 5　　　41. 10　　　42. 9

43. 12　　　44. ㉢, ㉠, ㉡

60쪽

45. $\dfrac{4}{5}$, $\dfrac{4}{5}$　　　46. $\dfrac{5}{6}$, $\dfrac{5}{6}$　　　47. $\dfrac{7}{9}$, $\dfrac{7}{9}$

48. , $\dfrac{4}{6}$, $\dfrac{2}{3}$

49. , $\dfrac{3}{4}$, $\dfrac{6}{8}$

61쪽

50. 9, 12　　　51. 2, 1

52. 10, 18, 20　　　53. 18, 10, 6

54. 18, 6, 36　　　55. 27, 12, 6

56. $\dfrac{1}{4}$　　　57. $\dfrac{2}{5}$

58. $\dfrac{4}{7}$　　　59. $\dfrac{5}{8}$

60. $\dfrac{5}{9}$　　　61. $\dfrac{3}{11}$

수빠맨과 함께하는 초등 수학 학습 로드맵

쉽고 재미있게 초등 수학 전 과정을 배워 보세요.

초등 수학 교육 과정

수와 연산	도형과 측정
변화와 관계	자료와 가능성

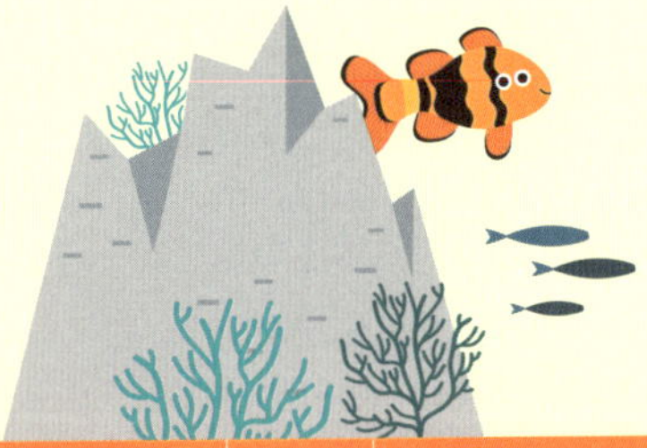

영역	권	권 제목	세부 영역	학습 주제	권장 학년	학습 내용
수와 연산 기본	1	숫자 영웅들의 수학 모험	수와 연산	·수 ·도형 기초	1학년	· 0에서 9까지 수 익히기 · 여러 가지 선 알기 · 평면도형 개념 알기 · 도형의 안과 밖 깨치기
	2	덧셈 뺄셈 몬스터 왕국	수와 연산	·덧셈과 뺄셈 기초	1학년	· 두 자리 수 익히기 · 모양과 크기가 같은 도형 찾기 · 덧셈식과 뺄셈식의 기초
	3	나무마니 마을의 더하기 빼기	수와 연산	·덧셈과 뺄셈 심화	1학년	· 세 수의 덧셈식과 뺄셈식 · 100까지 수 익히기 · 좌표 읽기 기초 · 묶어 세기
	4	곱셈구구 나라의 비밀	수와 연산	·곱셈과 나눗셈 기초	2학년	· 곱셈구구 · 곱셈식과 나눗셈식 · 복잡한 계산식 쉽게 풀기
	5	사칙연산 바다를 지켜라	수와 연산	·사칙연산 기초	2학년	· 연산 규칙 찾기 · 여러 가지 방법으로 복합 사칙연산 하기 · 덧셈과 뺄셈의 관계를 식으로 나타내기
	6	곱셈 공장 수리 작전	수와 연산	·사칙연산 심화	2학년 ~ 4학년	· 곱셈·나눗셈 세로식 풀이 · 곱셈의 교환법칙과 결합법칙 · 약수와 배수 · 나눗셈의 몫을 곱셈식으로 구하기

영역	권	권 제목	세부 영역	학습 주제	권장 학년	학습 내용
수와 연산 심화	7	곱셈 나눗셈으로 요리를 뚝딱	수와 연산	· 곱셈과 나눗셈 심화 · 분수 기초	3학년 ~ 5학년	· (몇십)×(몇)을 구하기 · (몇십)÷(몇)을 구하기 · 똑같이 나누기 · 분수로 나타내기 · 단위분수 개념
	8	분수 도둑을 잡아라	수와 연산	· 분수	3학년 ~ 5학년	· 분자와 분모 · 크기가 같은 분수 만들기 · 분수 크기 비교 · 분수 계산
	9	소수 해적단의 바다 탐험	수와 연산	· 소수 · 백분율	3학년 ~ 6학년	· 소수 개념 · 소수 크기 비교 · 소수 계산 · 백분율 개념과 분수를 백분율로 치환하기
	10	수학 마법의 성에서 규칙 찾기	수와 연산	· 사고력 연산	2학년 ~ 5학년	· 수 배열 규칙 찾기 · 읽고 이해해서 푸는 문해력 연산 · 연산식으로 암호 풀기 · 연산 미로

영역	권	권 제목	세부 영역	학습 주제	권장 학년	학습 내용
도형과 측정, 변화와 관계, 자료와 가능성	11	공룡을 재는 여러 단위	측정	· 길이 · 들이 · 무게 · 시간	2학년 ~ 3학년	· 길이, 넓이, 무게, 들이의 단위 · 기호를 숫자로 나타내기 · 시간과 시계 읽는 법 · 섭씨 온도와 화씨 온도
	12	규칙 유령이 사는 집	변화와 관계	· 규칙과 추론	2학년 ~ 4학년	· 수 배열 규칙 추론 · 계산식에서 규칙 추론 · 무늬에서 규칙 추론 · 도형의 배열에서 규칙 추론
	13	도형과 함께 우주 탐험	도형	· 도형 · 공간	3학년 ~ 6학년	· 선의 종류(선분과 직선) · 각과 직각 · 평면도형 · 정다면체 · 대칭이동과 회전이동, 평행이동
	14	숫자와 그래프로 마을을 구하라	자료와 가능성	· 그래프 · 집합	3학년 ~ 6학년	· 표와 그래프 읽기 · 자료 조사와 표, 그래프로 나타내기 · 벤 다이어그램과 집합 · 비례식

글 | 린다 베르톨라

밀라노 가톨릭 대학교에서 외국어를 전공했습니다. 학교 안팎에서 특수 교육이 필요한 학생들을 위한 교육 및 학습 지원에도 관심이 많으며, 다문화 교사로도 활동하고 있습니다. 현재는 재미있는 수학 학습법을 열정적으로 연구하며 지내고 있습니다.

그림 | 아그네세 바루치

ISIA(최고예술산업연구소)에서 그래픽을 공부했습니다. 2001년부터 일러스트레이터이자 작가로 활동하고 있으며 청소년을 위한 책들을 출판했습니다.

감수 | 송용진

한국을 대표하는 위상수학자입니다. 서울대학교 수학과를 졸업하고 미국 오하이오주립대에서 박사학위를 받았습니다. 오랫동안 영재교육과 수학올림피아드에 대한 일을 해 왔으며 지금은 국제 수학올림피아드 선출직 위원(IMO Board Member)으로 활동하고 있습니다. 쓴 책으로 《수학은 우주로 흐른다》, 《영재의 법칙》, 《수학자가 들려주는 진짜 논리 이야기》 등이 있습니다.

1									
$\frac{1}{2}$					$\frac{1}{2}$				
$\frac{1}{3}$			$\frac{1}{3}$			$\frac{1}{3}$			
$\frac{1}{4}$		$\frac{1}{4}$		$\frac{1}{4}$			$\frac{1}{4}$		
$\frac{1}{5}$	$\frac{1}{5}$		$\frac{1}{5}$		$\frac{1}{5}$		$\frac{1}{5}$		
$\frac{1}{6}$	$\frac{1}{6}$	$\frac{1}{6}$	$\frac{1}{6}$		$\frac{1}{6}$	$\frac{1}{6}$			
$\frac{1}{7}$	$\frac{1}{7}$	$\frac{1}{7}$	$\frac{1}{7}$	$\frac{1}{7}$	$\frac{1}{7}$	$\frac{1}{7}$			
$\frac{1}{8}$	$\frac{1}{8}$	$\frac{1}{8}$	$\frac{1}{8}$	$\frac{1}{8}$	$\frac{1}{8}$	$\frac{1}{8}$	$\frac{1}{8}$		
$\frac{1}{9}$	$\frac{1}{9}$	$\frac{1}{9}$	$\frac{1}{9}$	$\frac{1}{9}$	$\frac{1}{9}$	$\frac{1}{9}$	$\frac{1}{9}$	$\frac{1}{9}$	
$\frac{1}{10}$	$\frac{1}{10}$	$\frac{1}{10}$	$\frac{1}{10}$	$\frac{1}{10}$	$\frac{1}{10}$	$\frac{1}{10}$	$\frac{1}{10}$	$\frac{1}{10}$	$\frac{1}{10}$

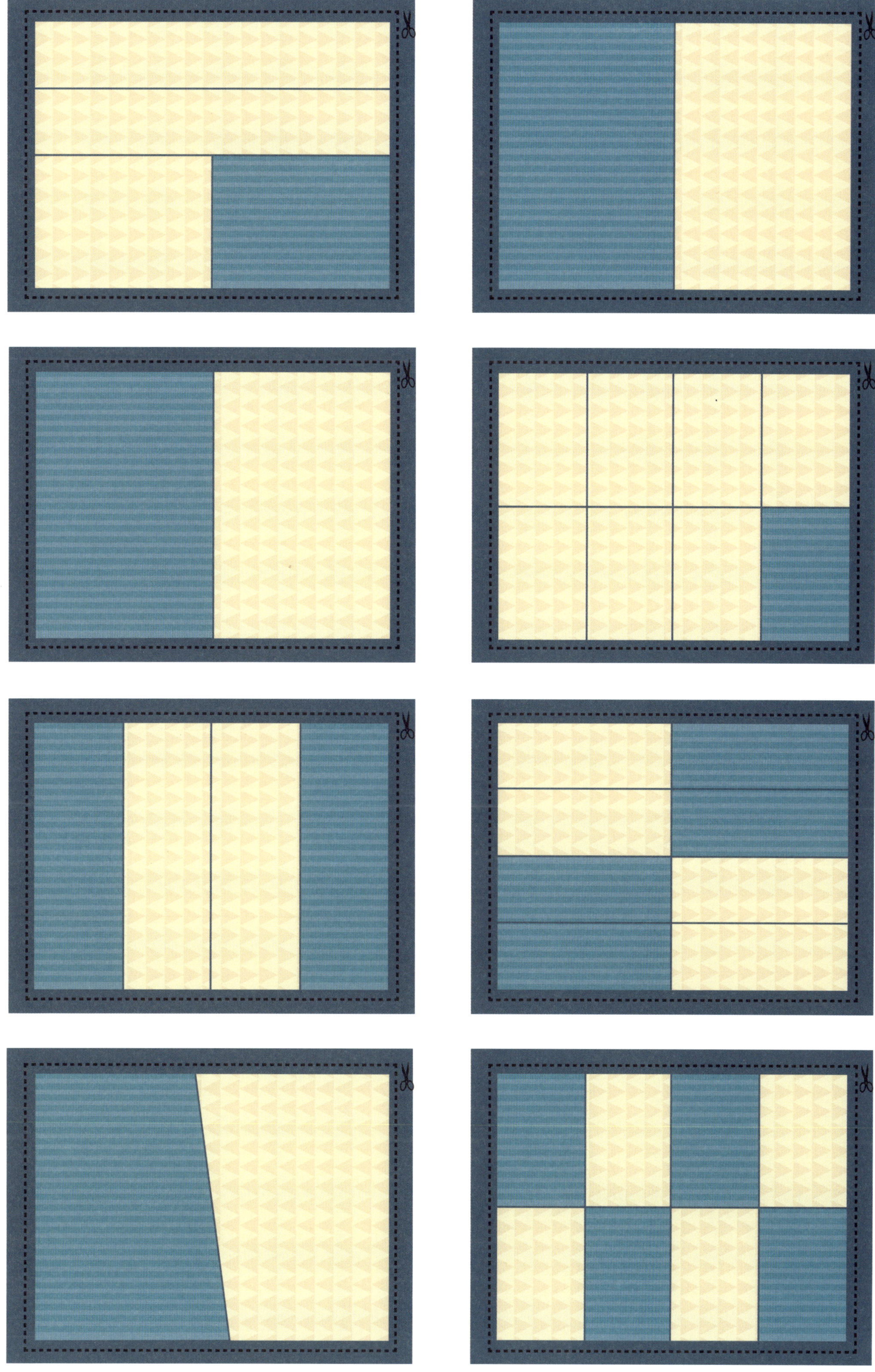

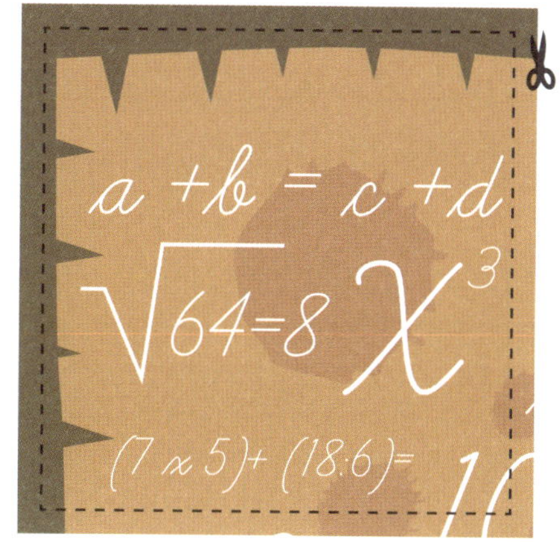

$a + b = c + d$
$\sqrt{64} = 8$
x^3
$(7 \times 5) + (18:6) =$

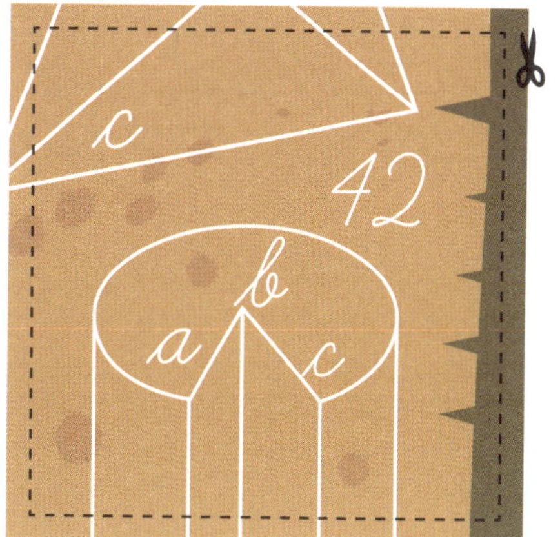

c
42
a b c

$x + y = a$
90
y
a

b
50 a c

$= 0,25$
$\sqrt{576} =$
$(c + d) \times 2$
25

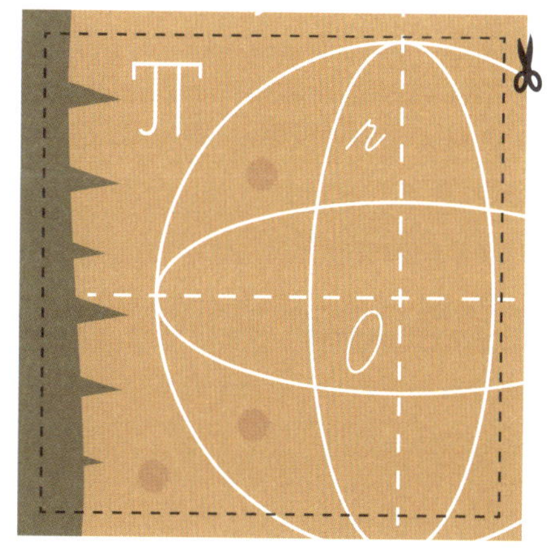

Π
r
0

a
b $a \times b = \dots$
$e \sin x + \cos x \, 2$

Σ
Π

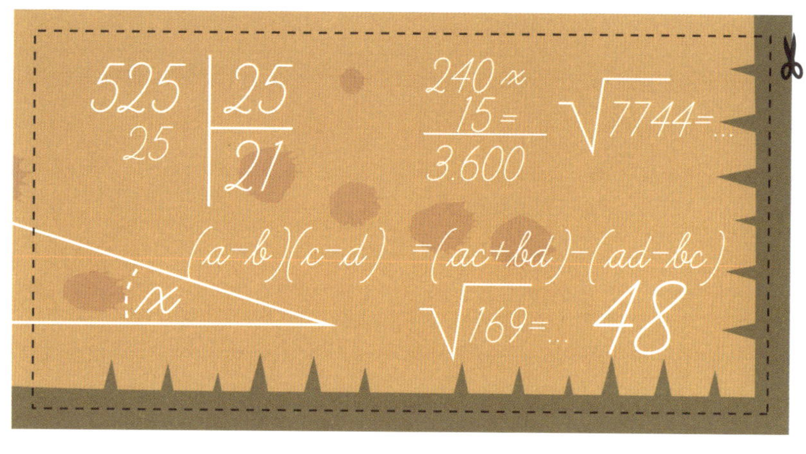

525 | 25
25 | 21
240 × 15 = 3.600
√7744=..
(a-b)(c-d) =(ac+bd)-(ad-bc)
√169=.. 48
x

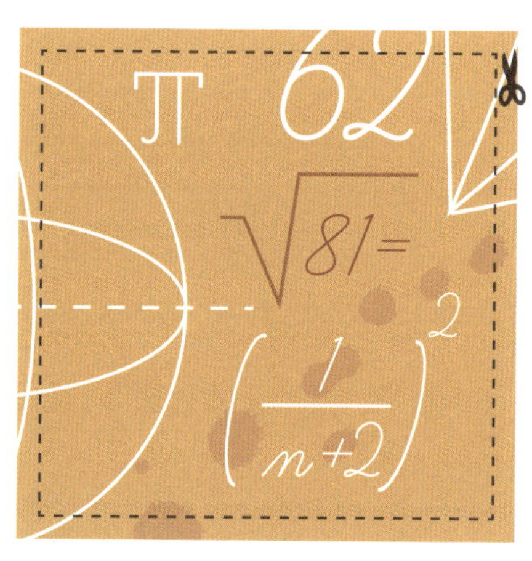

π 62
√81=
(1/(n+2))²

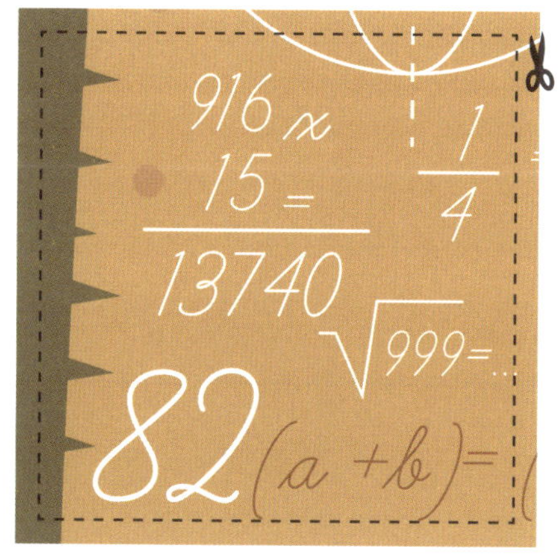

916 × 15 = 13740
1/4
√999=..
82 (a+b)=

√25=
a / n=5

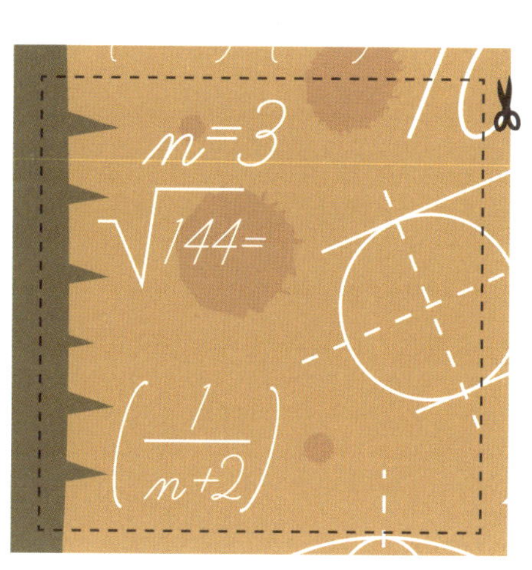

n=3
√144=
(1/(n+2))

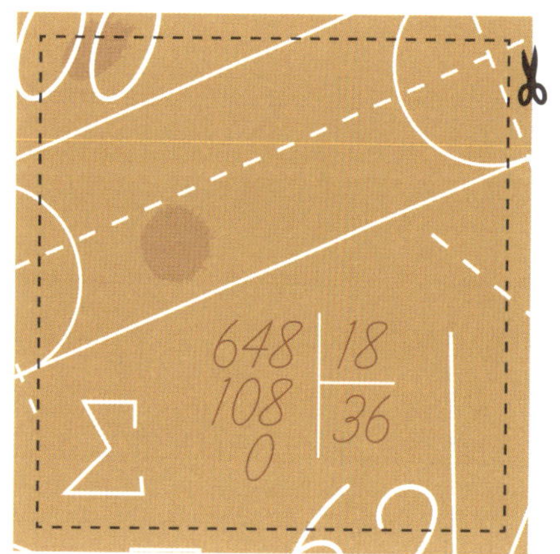

648 | 18
108 | 36
0
Σ